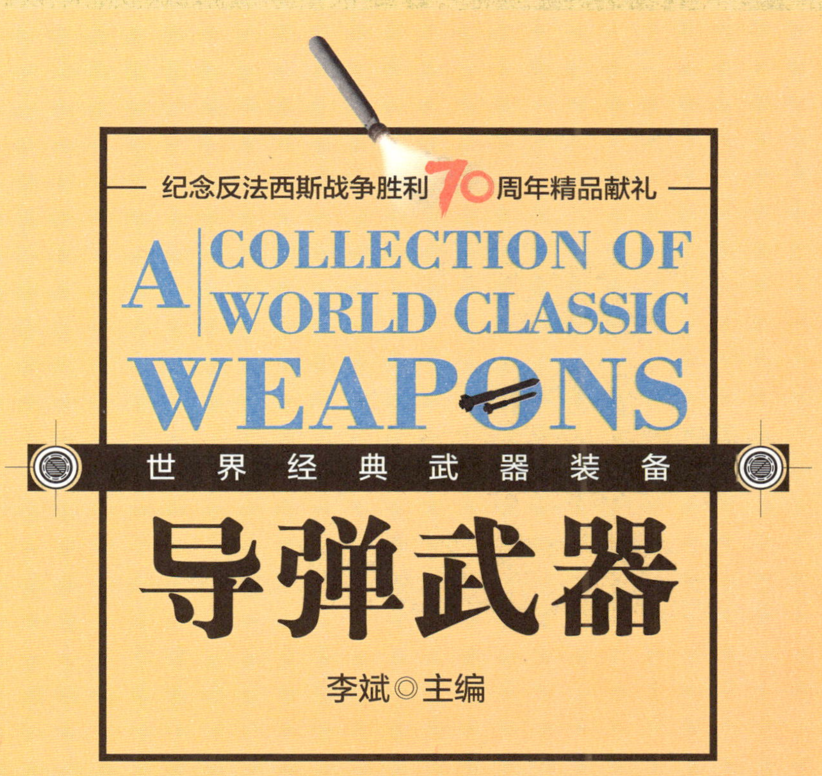

纪念反法西斯战争胜利70周年精品献礼

A COLLECTION OF WORLD CLASSIC WEAPONS

世界经典武器装备

导弹武器

李斌◎主编

·北京·

图书在版编目（CIP）数据

经典导弹武器装备/ 李斌主编.
北京：中国经济出版社，2015.6（2023.8重印）
（世界经典武器装备系例）
ISBN 978-7-5136-3738-1

Ⅰ. ①经… Ⅱ. ①李… Ⅲ. ①导弹—武器装备—世界—普及读物 Ⅳ.①E927-49
中国版本图书馆CIP数据核字（2015）第039184号

责任编辑 丁 楠
责任审读 贺 静
责任印制 马小宾
封面设计 任燕飞

出版发行 中国经济出版社
印 刷 者 三河市同力彩印有限公司
经 销 者 各地新华书店
开 本 787mm×1092mm 1/16
印 张 25.25
字 数 320千字
版 次 2015年6月第1版
印 次 2023年8月第2次
定 价 98.00元
广告经营许可证 京西工商广字第8179号

中国经济出版社 网址 www. economyph. com 社址 北京市东城区安定门外大街 58 号 邮编 100011
本版图书如存在印装质量问题，请与本社销售中心联系调换（联系电话：010-57512564）

编委会

主　　编　李　斌

副 主 编　崔晓晖　牛永界

编　　者　李　斌　崔晓晖

　　　　　牛永界　熊　威

经典

导弹武器装备

目录

第一章 弹道导弹

第二章 巡航导弹

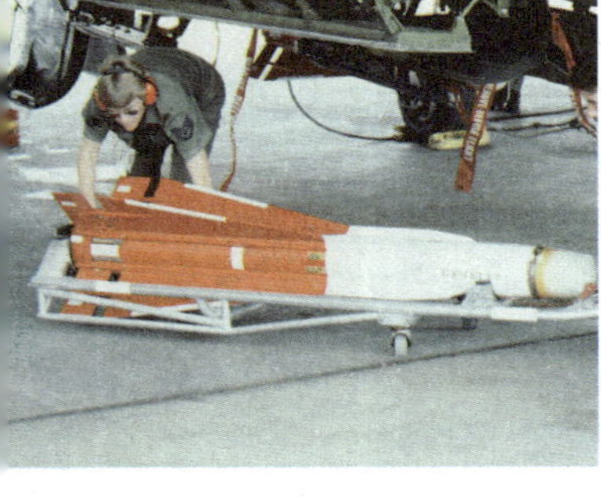

第三章 地地导弹

第四章 空空导弹

第五章　空地导弹

第六章　防空导弹

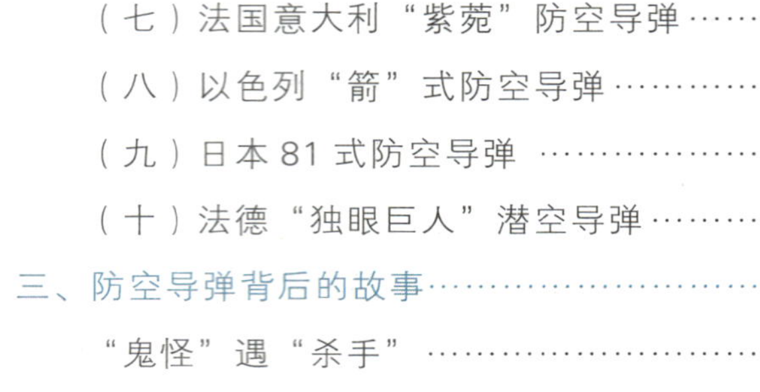

第七章 反舰导弹

第八章　反坦克导弹

第九章　反辐射导弹

第一章　弹道导弹

一、弹道导弹概述

弹道导弹之所以称为弹道导弹，是与巡航导弹相比较而言的，通常由火箭发动机推送到一定高度和一定速度后，发动机关闭，弹头沿预定弹道飞向目标。这种导弹的弹道是一种抛物体飞行轨迹，类似炮弹飞行弹道，所以称其为弹道导弹。

当射程比较大时，弹道导弹的大部分弹道处于空气稀薄的高空或外层空间，一般没有或者只有很小的弹翼，其弹道实际上是一种椭圆轨迹的一部分。弹道导弹在烧完火箭燃料后只能保持预定的航向，一般不能改变飞行轨迹，随后的航向按弹道学法则来运行。

弹道导弹的整个弹道分为主动段和被动段，主动段弹道是导弹在火箭发动机推力和制导系统作用下，从发射起点到火箭发动机关机时的飞行轨迹；被动段弹道是导弹从火箭发动机关机点到弹头爆炸点，按照在主动段终点获得的给定速度和弹道倾角作惯性飞行的轨迹。弹道导弹尤其是战略弹道导弹技术难度大、制造成本高、杀伤威力大，是军事力量强弱的重要标志之一。

（一）弹道导弹的历史

实际上，弹道导弹的鼻祖是火箭，而火箭的发源地则在中国。从一定意义上来说，弹道导弹的起源可以追溯到我国。在火药发展的基础上，我国宋朝初期的冯义升和岳义方等人，试制了原始火箭——火药火箭，后来逐步作为武器用于战争之中，这就是弹道导弹的最初雏形。

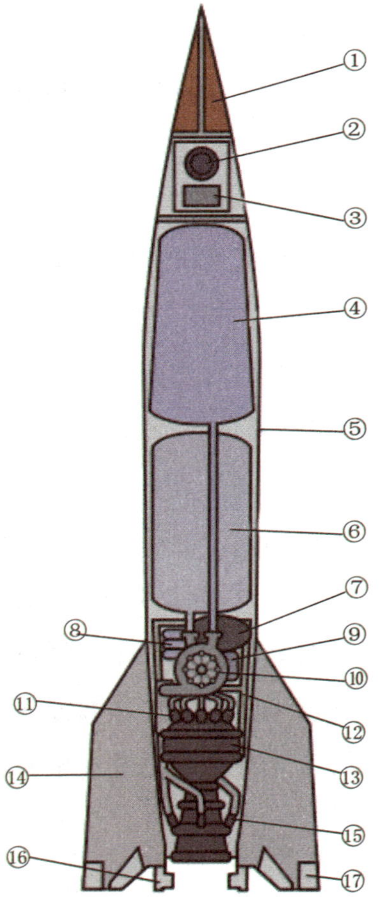

①弹头
②导引陀螺仪
③导引波束及无线电指令接收器
④酒精水溶液
⑤弹体
⑥液态氧
⑦过氧化氢
⑧高压氮气钢瓶
⑨过氧化氢反应室
⑩涡轮推进帮浦
⑪酒精/氧气燃烧器盖
⑫推力架
⑬火箭燃烧室（外壳）
⑭尾翼
⑮酒精输入管
⑯燃气舵
⑰空气舵

17 世纪 ~19 世纪初，俄国、印度和英国等国，由于军事上的需要，开始发展火箭武器。20 世纪 30 年代，由于液体推进剂及新型固体推进剂、高温材料和电子技术等方面取得了新的成果，为火箭武器的发展增添了新的活力。

真正意义上的弹道导弹最早出现在德国。1933 年，德国为了发动侵略战争，在佩内明德建立了火箭研究基地，于 1942 年首次制成了使用液体燃料的世界上第一枚弹道导弹，即 V–2 导弹，并首先用于对英国伦敦的袭击。尽管这种导弹命中率不太高，作用发挥也不明显，但却是弹道导弹登上战争舞台的里程碑。

1943 年，盟军情报部门获悉德国的 V–1 和 V–2 导弹即将投入实战后，美国军方希望加州理工学院的火箭小组能制造出同样的武器。1945 年春，美国战略情报局和联合情报调查局共同发起“回形针”行动，派遣专家跟随美军进入德国腹地搜寻导弹专家，务必赶在别国之前控制这批“宝贵财富”。

第二次世界大战结束后，导弹的发展得到了各国的普遍重视，特别是美、苏两个大国，在缴获德国导弹技术方面的大量资料、图纸和实物，收买以及俘虏德国导弹技术专家的基础上，从仿制 V–2 导弹工作开始，不断对其进行改进和发展。

按照当时的分工，美国陆军主要负责近程和中程导弹，空军负责洲际导弹的研制。1946 年 4 月 19 日，美国制订了 MX–774 计划，用于发展火箭武器，并向洲际弹道导弹这一最终目标努力，并分别于 1947 年 7 月 13 日、9 月 27 日和 12 月 2 日进行了发射试验，但均未获得很大成功。

虽然美国在最初的导弹研制工作上领先于苏联，但是由于美国军方对导弹的前景看法不一，政府的政策摇摆不定，此后直到 1953 年，美国一直都未重视洲际导弹的研制，弹道导弹的研制进度也受到了影响。

20 世纪 50 年代后期，随着科学技术的发展，特别是近代力学、自动控制和无线电电子技术、电子计算机技术、高能燃料、特种材料、精密仪表和机械制造工艺等的发展，弹道导弹取得了突飞猛进的发展。

1957 年 8 月 21 日，苏联首次成功试射第 1 枚 SS-6 洲际弹道导弹。SS-6 绰号“警棍”，苏军编号 R-7，该弹长 30 米，直径 4.5 米，重量达 254 吨，可以携载重达 4100 千克的百万吨级核弹头。

鉴于苏联在核弹头的小型化和火箭方面取得的成就，美国加紧了洲际导弹的研制工作。

1955 年 3 月，美国“宇宙神”计划获得最高级优先权。“宇宙神”导弹有多种型号。美军编号 SM-65/CGM-16。1957 年 6 月 11 日和 9 月 25 日，头 2 枚“宇宙神”A 型导弹在试射时均遭失败。1957 年 12 月 17 日，第 3 枚“宇宙神”A 型在试射时取得了成功。1958 年 11 月 28 日，1 枚“宇宙神”B 型进行了全程试射试验，射程达 9660 千米。“宇宙神”C 型是一种试验型，主要用于研究弹头的烧蚀防热性。“宇宙神”D 型是美国第一种实用性洲际导弹，该弹于 1959 年 7 月 28 日首次进行发射试验，全部指标都圆满达到要求。1958 年 9 月 9 日，美国正式宣布“宇宙神”D 型洲际导弹装备部队。该弹于 1965 年退役。

这一时期，洲际弹道导弹大多采用液氧和煤油作为推进剂。但是，液氧容易蒸发，使用很不方便，后来都改用可储液体推进剂或者固体推进剂。美国20世纪60年代中期以后研制的洲际弹道导弹均采用固体推进剂，苏联装备的洲际弹道导弹则大多采用可储液体推进剂。

为了突破反导系统的拦截，20世纪70年代初期和中期，美苏两国又分别成功研制了带分导式多弹头的洲际弹道导弹，并大量装备，不仅增强了突防能力，还可打击多个目标。

（二）弹道导弹的种类

1. 根据打击目标不同，可分为战略弹道导弹、战术弹道导弹。战略导弹是打击战略目标的导弹，比如，重要的军事工业基地、国家政治经济中心、国家军事指挥中心、重要交通枢纽、导弹发射井等。战术弹道导弹是打击战术目标、用于直接支援部队军事行动的弹道导弹。比如机场、港口、仓库、桥梁、地面部队集结区和工事碉堡等。

战略导弹和战术导弹并没有绝对的分界线，有的导弹由于使用条件不同，对目标摧毁要求不同，它既是战术导弹又是战略导弹。

2. 根据射程不同，可分为洲际弹道导弹（射程在8000千米以上）、远程弹道导弹（射程3000～8000千米）、中程弹道导弹（射程1000～3000千米）、短程弹道导弹（射程在1000千米以下）。

3. 根据发射点与目标位置不同，可分为地地弹道导弹、潜地弹道导弹等。

苏联 SS-N-5 潜射弹道导弹

美国 PGM-11 红石中程弹道导弹

地地弹道导弹不仅仅是指从地面发射的弹道导弹，也指从水面发射的弹道导弹。潜射弹道导弹，是指从水下发射的弹道导弹。

4. 根据使用推进剂不同，可分为液体推进剂弹道导弹、固体推进剂弹道导弹。由于液体推进剂不便保管和存储，一般都在导弹发射前加注，所以发射准备时间较长。固体推进剂使用和存储方便，可以预先置于导弹之中，因此发射准备时间较短。

5. 根据结构不同，可分为单级弹道导弹、多级弹道导弹。单级弹道导弹是指只有一级火箭推动，而多级弹道导弹有两级或两级以上火箭推动。

6. 根据发射基座不同，可分为陆基弹道导弹、海基弹道导弹。其中，陆基弹道导弹采用深井式、轨道移动式或专用车辆进行运载和发射。海基弹道导弹由导弹驱逐舰、导弹艇、潜艇等舰艇进行运载和发射。

7. 根据携带的战斗部不同，可分为

核弹道导弹和常规弹道导弹。通常情况下，战略弹道导弹携带核战斗部，战术导弹携带常规战斗部，有一些弹道导弹既可以携带核战斗部，也可以携带常规战斗部。

（三）弹道导弹的特点

一是弹道轨迹相对固定。弹道导弹通常沿着一条预定的弹道飞行，中途不易改变攻击方向，通常用来攻击地面固定目标或面积相对较大、运动速度较慢的目标，一般不用来攻击飞机等快速运动目标。

二是导弹弹道较高。导弹大部分弹道处于稀薄大气层或外大气层内，采用火箭发动机，自身携带氧化剂和燃烧剂，不依赖大气层中的氧气助燃。

弹道导弹从发射井发射瞬间

三是荷载较大。火箭发动机推力大，弹体各级之间、弹头与弹体之间的连接通常采取分离式结构，当火箭发动机完成推进任务时，即行抛掉，最后只有弹头飞向目标，可将较重的弹头投向较远的距离。

四是突防能力强。弹道导弹飞行速度快，有些战略弹道导弹还可携带多弹头（集束式或分导式多弹

头）和突防装置，因此拦截难度较大，突防能力较巡航导弹强。

（四）弹道导弹的未来

一是制导精确化，提高命中精度。采用先进惯性制导技术和卫星导航定位制导技术相结合的复合制导系统，甚至采用末制导技术，进一步提高弹道导弹的命中精度。

二是弹头多样化，拓展打击用途。未来的弹道导弹，无论是战略弹道导弹还是战术弹道导弹，都可携带核弹头和常规弹头，有些导弹还将配有钻地弹头，或小当量核战斗部，从而降低核战争的门槛，使核武器逐步走向实战化。

三是实战全维化，提高适应能力。综合运用隐身、抗干扰、提高自动化程度、机动发射等措施，使弹道导弹具备全天候作战能力和在恶劣的战场环境中的生存能力。

二、经典弹道导弹

（一）德国V-2弹道导弹

V-2是德国在第二次世界大战期间研制和使用的单级液体弹道导弹。V-2导弹不仅是世界上第一种真正意义上的弹道导弹，也是第一种用于实战中的弹道导弹。导弹由以德国科学家冯·布劳恩为首的团队研制。其中，“V”来源于德文Vergeltung，意为报复手段，是指德国要用这种武器为第一次世界大战的失败雪耻，向战胜国复仇。

1925年，德国人率先在赛车上进行了火箭推进器试验。尽管试验没有达到预期的效果，德国科学家并未因此放弃新的探索，反而着手设计飞向同温层高空的探空火箭。

1932年，德国陆军指派瓦尔德·多恩伯格上尉负责招兵买马，组建了以沃纳·冯·布劳恩为首的火箭研究小组，进行液态火箭推进器的试验。从1933年开始，火箭的研制工作正式启动。

1942年10月3日，在吸取以往火箭的研发经验与资料的基础上，A-4火箭试飞成功，并随即量产制造。1944年5月16日，德国最高统帅部下达了使用导弹作战的命令。1944年9月，A-4火箭正式命名“V-2”火箭。

V-2导弹由头部、中部、尾部3部分组成。头部重约1吨，内装750千克炸药；中部壳体内有非承力式氧化剂储箱和燃烧剂储箱各1个，分别装5吨液氧和3.5吨酒精，另有仪器舱1个；尾部有4个对称的尾翼，内装1台

泵压式液体火箭发动机，喷口处有4个石墨燃气舵。导弹的推力为260千牛，弹道高80～100千米，飞行时间约320秒，采用垂直发射方式，发射准备时间4～6小时。

1944年9月8日，1枚V–2导弹落在伦敦市区爆炸。这是V–2首次成功袭击英国本土，在伦敦引起了很大的恐慌。为避免被盟军发现，V–2导弹广泛采用迷彩涂装，在二战末期更是全面采用橄榄绿作为迷彩。不过在试验中，V–2则采用的是黑白相间的涂装。

主要参数	
重量	12508千克
弹长	14米
弹径	1.65米
翼展	3.56米
制导方式	电波导引方式
弹头类型	高爆杀伤弹
最大射程	320千米
最大巡航高度	88千米
最大飞行速度	1600米/秒
命中精度	圆概率误差4～8千米
发射方式	地面固定发射
动力系统	乙醇（酒精）与液态氧燃料火箭发动机

德国“V–2”弹道导弹

（二）美国“民兵-3”洲际弹道导弹

“民兵-3”型（Minuteman Ⅲ）是在“民兵-1”型和“民兵-2”型的基础上发展而来的洲际弹道导弹。该弹由波音公司研制，是美国第三代战略核导弹，是美国三位一体核打击力量的重要组成部分，也是2010年以来美国现役的唯一的一种陆基洲际弹道导弹。

“民兵”系列导弹的名字源于美国国内战争“民兵”一词，有时也指反应快的意思。导弹编号LGM-30，其中，“L”代表“发射井发射”，“G”代表“打击地面目标”，“M”代表“导弹”。

“民兵-1”型于1956年开始研制，共有A、B两个型号。A型导弹于1961年2月1日进行第一次试射，1962年开始部署，首先采用三级固态燃料推进剂，而此前的导弹均使用液态燃料。B型弹长17米，直径1.67米，配有1枚当量100万吨的MK11式核弹头，命中精度1600米，反应时间1分钟。

“民兵-2”弹长17.53米，宽1.84米，也采用三级固态燃料推进剂，配有1枚当量120万吨的W-56型弹头，发射重量33112千克，1964年9月完成第一次升空，射程12500千米，命中精度370米。

“民兵-3”的研制计划始于1966年，并于1970年首次部署。美国从“民兵-3”型导弹开始采用分导式多弹头，每个母弹内装有3枚子弹头，并装有NS-20惯性平衡导引控制系统，导弹的突防能力和打击硬目标的能力有

了大幅度提升，命中精度也有进一步提高。

该型导弹由地下井发射，动力装置采用三级固体火箭发动机，末助推级采用液体火箭发动机。该型导弹的后期推进系统装有 1 具 136 千克推力的发动机，以便做前后移动；另有 6 具 10 千克推力的发动机做左右的调整；还有 4 具 8 千克推力的发动机在表面喷射以维持旋转。

“民兵 –3”型是第一种独立配置多重重返大气层载具的陆基洲际弹道导弹，配备通用电气 12 型重返大气层载具。其中，配有 12 型重返大气层载具的圆周公算偏差值为 220 米，配有 12A 型重返大气层载具的为 116 米。

目前，美国约有 450 枚“民兵 –3”型导弹，分别部署在蒙大拿州的马姆斯特罗姆空军基地、北达科他州的迈诺特空军基地、怀俄明州的沃伦空军基地。每个导弹发射井内至少有 10 名工作人员，其中包括 6 名警卫，1 名发射井管理员、1 名厨师和 1 个由 2 人组成的发射小组，负责发射 10 枚“民兵 –3”型导弹。

主要参数（“民兵 -3”）			
弹　　长	18.2 米	制导系统	改良 NS-20 惯性平衡导引控制系统
弹　　径	1.84 米	弹　　头	核弹头 / 常规弹头 / 钻地弹
最大射程	12500 千米	命中精度	圆概率误差 116 米（12A 型）
发射重量	34500 千克	发射方式	发射井式发射
投掷重量	1088 千克	动力系统	三级固态和液态燃料发动机

美国“民兵 -3”洲际弹道导弹

（三）美国“大力神”洲际弹道导弹

“大力神”（Titan）是美国20世纪50年代开始研制的地地洲际战略弹道导弹。导弹由美国洛克希德·马丁公司研制，共有“大力神-1W”、“大力神-2”两种型号。

“大力神-1”是美国第一代地对地战略导弹，为两级液体燃料单弹头洲际弹道导弹，导弹代号HGM-25A（旧代号SM-68A），1955年签订研制合同，1959年2月首次飞行试验获得成功，1962年4月装备部队，1965年退役，被“大力神-2”型导弹取代。

“大力神-2”为美国第二代战略导弹。该型导弹在“大力神-1”型HGM-25A的基础上研制而成，编号LGM-25C。当时，由于“大力神-1”无法对抗苏联的SS-18导弹，于是美国开始升级“大力神-1”，用于核战争爆发后对苏联进行报复性核打击。

“大力神-2”由洛克希德·马丁公司于1960年6月开始研制，1963年12月首次部署，共部署54枚，1982年10月开始执行退役计划，以每月1枚导弹的速度撤出，1987年底全部退役。导弹配备W-53/MK-6式核弹头，当量1000万吨，采用地下井发射方式发射，反应时间1分钟。

“大力神-2”导弹发射井建在山区，全部由钢筋混凝土浇筑而成，整个发射装置全部由液压系统操纵，共重760吨。发射井由控制中心、通道与防

美国“大力神”-2 洲际弹道导弹

火区和导弹井 3 个地下部分组成，由于该型导弹使用的是液体燃料，所以地下结构非常复杂，即使是专业化部队，也需要 3 年时间才能建成一座发射井。

在冷战高峰时期，导弹发射井每天 24 小时处于待发射状态，发射场方圆几千米范围都是军事禁区。进入导弹核心控制室需经过 5 道安检门，其中 2 道钢门厚达 30 厘米，每扇门重 3 吨。每道门都要先与值班人员通过电话联系才能打开。其中 1 道门还需报出由 6 位数字组成的一组密码才能进入，这组密码只能使用一次，用完立即注销。

主要参数（“大力神 -2”）			
重　　量	149.5 吨	最大射程	15000 千米
弹　　长	31.4 米	命中精度	1296 ~ 1480 米
弹　　径	3.05 米	发射方式	地下井发射
制导方式	惯性制导	动力系统	两级液体火箭发动机
弹头类型	核装药		

（四）美国“和平卫士”洲际弹道导弹

“和平卫士”洲际弹道导弹（Peacekeeper Missile），也称“和平保卫者”，是美国马丁·马丽埃塔公司研制的一种远程、分导式、多弹头、核装料第四代战略导弹，编号 LGM-118A。

由于该型导弹在设计中采用了大量与“民兵”系列导弹完全不同的全新技术，以至于美国设计部门最早将该导弹称为“试验性导弹”（Missile Experimental），因此“和平卫士”也称 MX 洲际弹道导弹。

导弹于 1973 年开始预研，1979 年全面展开。1983 年 6 月 17 日，“和平卫士”导弹在范登堡空军基地进行第一次试射；1984 年，第一枚全尺寸、具备作战能力的导弹出厂；1985 年 8 月，“和平卫士”首次进行地下井发射试验；1987 年正式开始服役。

该型导弹原计划生产 100 枚，但由于经费和其他原因，美国国会批准最多生产 50 枚导弹。根据 1993 年美俄第二阶段《战略武器削减条约（SART）》，美国停止该型导弹的部署。2002 年 10 月 4 日，第一枚“和平卫士”开始退役；至 2005 年 10 月，50 枚“和平卫士”洲际弹道导弹全部退役。

“和平卫士” 1 ~ 3 级为固体火箭燃料发动机，第四级为液体火箭燃料发动机。每枚导弹可携带 10 个 W87/MK-21 分导式弹头（最多可达 12 个），每个弹头都有独立的“再进入”系统，每个弹头重 3175 千克，当量相当于

47.5 万吨 TNT，命中精度 40 米（圆公算偏差）。

主要参数			
重　　量	96.75 吨	最大射程	14000 千米
弹　　长	21.8 米	命中精度	40 米
弹　　径	2.3 米	发射方式	地下井发射
制导方式	惯性制导	动力系统	固体火箭加液体火箭发动机
弹头类型	核弹头		

美国“和平卫士”洲际弹道导弹

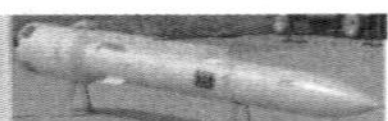

（五）美国“侏儒”洲际弹道导弹

“侏儒”（Midgetman）是一种单弹头地地固体洲际弹道导弹，也称小型洲际弹道导弹。该弹由波音、古德伊尔、马丁·马丽埃塔、通用动力、贝尔、洛克希德和麦道等几家公司研制，主要用于打击地下发射井这一类硬目标。

1983年4月11日，美国总统战略力量委员会提出“侏儒”战略导弹计划，以弥补“和平卫士”MX导弹在这方面的不足，并计划于20世纪90年代与“和平卫士”导弹一起作为美国战略核威慑力量的重要组成部分。

美国空军于1983年5月3日成立“侏儒”导弹计划局，负责组织军方和承包商开展有关研制、投标和签约等工作。1987年，“侏儒”导弹进入全面研制阶段，1988年年末开始首次飞行试验，1992年具备初步作战能力。导弹编号MGM-134。

“侏儒”导弹是美国空军研制的第五代地地战略弹道导弹。美国弹道导弹局计划制造1000枚单弹头“侏儒”导弹，当时每枚导弹的成本约为3800万美元。但由于受美俄“关于进一步削减和限制进攻性战略武器的协议”的影响，研制计划被迫于1992年3月停止。

“侏儒”导弹的性能在“和平卫士”MX导弹的基础上又做了大量改进。该型导弹具有体积小、投掷重量轻、突防能力强等特点，特别是在遭受核攻击条件下生存能力方面优于“和平卫士”导弹。

该型导弹，采用三级固体火箭发动机，由全封闭式加固的机动发射车运输，以公路机动发射为主，配备W87-1单弹头，核弹头当量47.5万吨，弹头内装有先进的突防装置，可自行机动，规避敌方反弹道导弹的拦截。

美国“侏儒”战略弹道导弹

导弹采用全程制导，其中主动段采用轻型高级惯性参考球制导系统，中段采用星光惯性制导系统，末段采用末端定位的末制导装置，能进行末段矢量变轨突防，这在弹道导弹中极为罕见。

主要参数			
重　　量	13.6吨	最大射程	11000千米
弹　　长	14米	命中精度	90米
弹　　径	1.17米	发射方式	车载发射
制导方式	惯性+定位制导	动力系统	三级固体火箭发动机
弹头类型	核弹头		

（六）俄罗斯 SS-18 洲际弹道导弹

SS-18 是苏联时期研制的第四代洲际战略导弹，是目前俄罗斯战略火箭军的主力导弹。SS-18 由苏联著名的导弹设计机构“南方”设计局研制，由号称为当时苏联导弹“教父”的费多罗维奇·乌特金设计，俄罗斯编号为 PC20-B，北约称其为“撒旦”（意为恶魔）。

由于 20 世纪 60 年代中期，美国在核武器竞赛中抢占了先机，于是苏联开始了 SS-18 的研制工作。该弹于 20 世纪 60 年代末开始研制，1971 年苏联开始 SS-18 的冷发射演练，1973 年 2 月成功进行全程飞行试验，1975 年 12 月正式装备部队。目前，俄罗斯共有 2 个 SS-18 导弹师，拥有导弹 150 枚。

SS-18 拥有多种型号。初期服役的 SS-18 为单弹头，以后又增加了多弹

主要参数（SS-18 Ⅲ型）			
重量	210吨	最大射程	16000千米
弹长	32.6米	命中精度	700米
弹径	3米	发射方式	地下井式发射
制导方式	惯性制导	动力系统	两级液态燃料火箭发动机
弹头类型	核弹头		

俄罗斯“SS-18”洲际弹道导弹

头型（8枚）和大威力单弹头型，分别命名为SS–18 Ⅰ、SS–18 Ⅱ、SS–18 Ⅲ型。1979年11月，苏联完成了SS–18 Ⅳ型分导式弹头的试验，1980年携带有10枚分弹头的SS–18 Ⅳ开始服役。

1988年3月，苏联完成了SS–18V型的试验，该型号的10个子弹头分2层配置在特制框架上，同年7月开始担负战备值班任务。1990年8月23日，单弹头SS–18VI型开始服役。

SS–18导弹投掷重量7575千克，采用惯性制导方式，配备二级液态燃料发动机，采用地下井冷发射方式。Ⅰ型导弹射程12000千米，Ⅱ型和Ⅳ型射程11000千米，Ⅲ型射程16000千米。

Ⅰ型导弹配有1枚核弹头、当量2500万吨，Ⅱ型携带8或10个分弹头，Ⅲ型携带1枚核弹头、当量2000万吨，Ⅵ型携带10个分弹头，每个弹头当量55万吨，而美国的“和平卫士”携带10个47.5万吨当量的子弹头，现在唯一的陆基洲际弹道导弹“民兵–3”携带3个33.5万吨当量的子弹头。

SS–18的发射井筒深39米，直径5.9米。为了提高SS–18的生存能力，除对导弹上的和阵地上的电子设备经过抗核爆电磁脉冲加固处理外，还将原来用于热发射的排烟道的空间浇筑上了水泥，其抗压能力每平方厘米365千克以上，而“民兵”导弹发射井的抗压强度只有每平方厘米175千克。

（七）俄罗斯SS-20中程弹道导弹

SS-20是苏联研制的一种机动式地地中程弹道导弹，主要用于取代SS-4、SS-5导弹。该弹由莫斯科热力技术研究所研制，代号RT-21。苏联称其为“先锋”（Pioneer）或“少先队员”；北约编号SS-20，绰号“佩刀”（Saber）。

该型导弹于1966年开始研制，1975年9月进行首次飞行试验，1976年3月开始装备苏联战略火箭军，每年部署50枚左右，装备总数450枚。该弹主要用于打击敌方政治经济中心、军事和工业基地、核武器库、交通枢纽，以及拦截对方来袭的战略弹道导弹等重要目标。

SS-20导弹一般采用轮式车辆运输，也可用火车和飞机实施远距离运输。每个导弹基地配备9套发射系统，每套发射系统配有2枚导弹。导弹可携带单弹头，也可携带装3个子弹头的分导式多弹头，每个子弹头威力相当于15万吨TNT当量。该型导弹可装在发射井内发射，发射准备时间15分钟，处于高度戒备状态时，30秒内即能发射；也可装在发射筒内由地面发射车机动发射，从运输—起竖—发射车上发射，准备时间为1小时。

SS-20装备有惯性制导系统，采用当时洲际导弹的自旋再入方式，弹头在自旋火箭的推动下，采用慢旋方式进入大气层，改善了弹头的飞行稳定性，提高了打击精度。装分导子弹头时射程5500千米，装单弹头射程10000千米，命中精度150~450米，比SS-4、SS-5的命中精度提高了5倍多。

SS-20 是苏联地面机动型导弹的相对成熟之作，导弹一改过去的拖挂或半拖挂运载方式，首次采用改进型多轴自行式 MAZ-543 底盘，并采取筒式冷发射方式。导弹发射后即可迅速转移，并能重新装弹再次发射，因此，导弹的生存能力和作战能力较之以往明显提高。

由于 SS-20 开创了苏联地面机动导弹武器的新时代，此后的苏联（俄罗斯）地面机动型战略导弹武器也很难摆脱 SS-20 的影子，比如“白杨”（SS-25）和“白杨 -M”（SS-27）基本沿袭了 SS-20 的设计，只是增大了导弹的射程和荷载。

俄罗斯 SS-20 弹道导弹

主要参数	
重　　量	37.1 吨
弹　　长	16.5 米
弹　　径	1.8 米
制导方式	惯性制导
弹头类型	核弹头
最大射程	5500 千米（分导子弹头）、10000 千米（单弹头）
命中精度	150~450 米
发射方式	地下井或车载机动发射
动力系统	两级固体燃料火箭发动机

（八）俄罗斯“白杨-M”洲际弹道导弹

“白杨-M”（SS-27）在“白杨”（SS-25）导弹的基础上改进而成，是俄罗斯导弹制造业史上第一种自己研制和生产的弹道导弹，被誉为俄罗斯的“镇国重锤”。导弹于20世纪80年代后期开始研制，1994年12月20日首次试射。1997年7月8日，“白杨-M”导弹在普列谢茨夫靶场进行第4次发射试验，也是定型前的最后一次发射。

鉴于20世纪80年代苏联部署的SS-18、SS-19、SS-24和“白杨”（SS-25）等战略导弹即将超出使用年限，俄罗斯急需发展适应21世纪核战略需求和符合《第二阶段削减战略武器条约》规定的新一代战略导弹力量。

对于俄罗斯来讲，其战略核力量都是从苏联继承过来的，而苏联生产战略导弹的工厂有75%位于俄罗斯境外。“白杨”SS-25导弹虽在俄罗斯境内总装，但其惯性制导系统却在乌克兰的哈尔科夫生产。

“白杨-M”导弹分固定式和机动式两种。其中固定式发射的导弹于1997年12月24日开始战备值班，机动式导弹于2006年12月10日开始进入战斗值勤。

“白杨-M”导弹采用惯性制导，导弹投掷重量1.2吨，机动弹头采用地形匹配精确制导，命中精度200米。“白杨-M”导弹为单弹头导弹，但具有改装成可带3～4个甚至10个分导式多弹头导弹的能力。该型导弹突

防能力很强，最大飞行速度可达 13.3 赫，还可在大气层中自由改变飞行轨道，按所需高度和轨迹进行纵深机动，具有超强的机动能力。

该型导弹主要应用速燃技术、变轨技术、分导技术和加固技术，此外，导弹的控制系统还采用人工智能技术，可使电磁脉冲干扰失效，从而使导弹具有良好的抗干扰性及飞行的安全与稳定性，有效规避敌方的导弹防御系统。据称，该型导弹是美国国家导弹防御系统（NMD）的最大“克星”，以致于美国人将其称为“疯子导弹”。

主要参数			
重　　量	47.2 吨	最大射程	11000 千米
弹　　长	22.7 米	命中精度	200 米
弹　　径	1.95 米	发射方式	车载机动发射 / 固定发射
制导方式	惯性制导 + 地形匹配制导	动力系统	三级固体燃料火箭发动机
弹头类型	核弹头		

俄罗斯“白杨 –M”战略弹道导弹

（九）俄罗斯SS-N-23潜射洲际弹道导弹

SS-N-23是苏联20世纪80年代开始研制的一种远程潜对地洲际弹道导弹。该弹由克拉斯诺雅茨克机械制造工厂制造，俄罗斯编号R-29RM，绰号“无风”（Shtil）；北约及西方国家代号SS-N-23，绰号“轻舟”（Skiff），限制战略武器条约中明确的代号RSM-54。

该弹共有SS-N-23“轻舟”、SS-N-23M1“深蓝”（Sineva）两种型号。其中，SS-N-23于1979年开始研制，1983年6月首次试射，1986年服役。该弹在SS-N-18“电鱼”的基础上研制而成，弹长由原来的14.1米增加至14.8米，弹径由1.8米增至1.9米。导弹起飞重量40.3吨，配备D-9RM型再入载具，最大投掷重量2800千克，可携带4枚分导式核弹头，每个弹头当量25万吨，动力装置为三级液体火箭发动机，最大射程8300千米。

SS-N-23M1“深蓝”为SS-N-23“轻舟”潜射弹道导弹的改进型。该弹于2004年完成飞行试验；2007年7月25日，俄罗斯总统普京签署命令，“深蓝”导弹正式服役；2008年10月11日，俄罗斯从北极向赤道发射了这枚导弹，完成首次全弹道飞行试验，射程达11547千米。

“深蓝”导弹长14.8米，弹径1.9米；起飞重量40.3吨，最大投掷重量2800千克；1枚导弹最多可携带10个分导式核弹头，每个弹头当量10万吨，弹头装有突破反导系统的设备，具有较强的抗电磁脉冲干扰能力，可大大提高对美国国家导弹防御系统（NMD）的突防能力。

导弹可在潜艇下潜深度55米、航速6～7节的情况下，在同一个扇面内发射，还可进行16枚导弹齐射，具有极强的攻击力。目前，俄海军共有SS-N-23M1导弹48枚、弹头256个，SS-N-23导弹48枚、弹头128个，弹头总数约占俄海军现役核弹头总数576枚的三分之二。

“轻舟”导弹的最大结构特点是第三级发动机和战斗部采用同一个贮存箱。导弹采用全程惯性制导，外加星光和GPS复合制导，命中精度约600米。第二级火箭分离后，导弹首先进行一次星光导航校正，接着进行一次卫星导航校正，对飞行弹道进行纠偏；第三级火箭分离后，4枚分导式核弹头可分别攻击各自的目标。

SS-N-23主要装备俄罗斯“德尔塔”IV级潜艇（D4级）。潜艇上装备16个导弹发射筒，全部布置在耐压艇体中，带弹16枚。艇艏装有4具533毫米鱼雷发射管（载18枚鱼雷），可发射各型鱼雷、反潜导弹和水声对抗设备，并配备鱼雷快速装填系统。此外，潜艇装备有先进的作战控制情报系统、通信系统、鱼雷火控系统、导航系统、主/被动声纳系统等电子设备。

俄罗斯 SS-N-23 潜地洲际弹道导弹

主要参数（SS-N-23）			
重　　量	40.3 吨	最大射程	8300 千米
弹　　长	14.8 米	命中精度	600 米
弹　　径	1.9 米	发射方式	潜艇水下发射
制导方式	惯性加星光加卫星复合制导	动力系统	三级液体燃料火箭发动机
弹头类型	核战斗部		

（十）美国“三叉戟”潜射洲际弹道导弹

“三叉戟”（Trident）导弹是美国研制装备的第三代潜对地洲际弹道导弹。该弹由洛克希德·马丁公司研制，共有“三叉戟 I”（C-4）、“三叉戟 II”（D-5）两种型号。

20 世纪 70 年代，随着苏联核力量的不断增强以及反潜作战能力的提高，美军决定发展射程比“海神”更远的潜射弹道导弹。洛克希德·马丁公司为此提出了两个阶段发展计划。一是首先开发一种“海神”导弹的改进型，称为增程型“海神”，弹径与“海神”相同，以便装备在当时现有的弹道导弹核潜艇上，即后来的“三叉戟 I”。二是研发一种全新的导弹，用于装备新建的核潜艇上，即后来的“三叉戟 II”。

“三叉戟 I”（C-4），编号 UGM-96。该弹于 1971 年 10 月开始预研制，1974 年研制工作全面展开，1976 年 12 月投产，1977 年 1 月进行首次进行水下试验，1979 年 10 月开始服役，2005 年退役。生产总数 240 枚，每枚导弹价格约为 1393 万美元（1983 年价格）。

该弹先后装备 12 艘“拉斐特”级和“富兰克林”级导弹核潜艇，每艇带弹 16 枚。由于“三叉戟 II”没能建造出来，另有 8 艘“俄亥俄”级导弹核潜艇也装备有“三叉戟 I”，每艇带弹 24 枚。

“三叉戟 I”弹长 10.4 米，弹径 1.88 米；动力装置为三级固体火箭发动机，

导弹重 33 吨，最大射程 7400 千米；配备 MK-4 型再入载具，每枚导弹可携带 6 ~ 14 个 W-76 核弹头，每个弹头重 96 千克，每个弹头当量 10 万吨；携带 14 枚分弹头时，射程会有所下降；导弹采用星光加惯性制导，命中精度 450 米。后期，导弹配备 MK-5 型再入载具，配合星光复合制导，命中精度提高至 380 米。

“三叉戟 II”（D-5），编号 UGM-133，用以取代“海神”和“三叉戟”型导弹。该弹于 1983 年开始研制，1987 年 1 月首次进行陆上发射试验，1989 年 3 月进行首次水下试射，1989 年 12 月开始部署，装备“俄亥俄”级潜艇上，每艇带弹 24 枚。1990 年 3 月，美国宣布“三叉戟 II”已初具作战能力。

该弹长 13.58 米，弹径 2.11 米；重 58.9 吨；配备 MK-4、MK-5 型重返大气层载具，配备 8 ~ 14 枚当量为 10 万吨的 W-76 或当量为 47.5 万吨的 W-88 两种弹头，其中，MK-4 用于携带 W-76 弹头，MK-5 用于携带 W-88。

导弹采用三级固体燃料火箭发动机推进，第一级发动机长 7.2 米，直径 2.11 米，重 39100 千克，壳体采用碳纤维 / 环氧复合材料；第二级长 2.9 米，直径 2.11 米，重 11800 千克，壳体采用碳纤维 / 环氧复合材料；第三级长 3.3 米，直径 0.86 米，重 2200 千克，壳体采用凯夫拉纤维 / 环氧复合材料；导弹采用星光加惯性制导加 GPS 修正复合制导，飞行速度 21600 千米 / 小时，射程 11100 千米，命中精度（圆周公算偏差）90 米。

与“三叉戟 I”相比，“三叉戟 II”射程更远，命中精度更高。每枚导弹最多可载 14 枚分导式弹头，后来根据美俄间的协议，改为限载 8 枚，其打击地下导弹发射井、地下指挥所等坚固目标的能力比前者提高 3 ~ 4 倍，被誉为美海军战略核力量的“骄子”。

主要参数（三叉戟 II）			
重　量	58.9 吨	最大射程	11100 千米
弹　长	13.58 米	命中精度	90 米
弹　径	2.11 米	发射方式	潜艇水下发射
制导方式	星光加惯性加 GPS 复合制导	动力系统	三级固态燃料火箭发动机
弹头类型	核战斗部		

美国“三叉戟 II”潜地导弹

三、弹道导弹背后的故事

（一）布劳恩和V-2

冯·布劳恩，1912年3月23日出生于德国的东普鲁士维尔西茨的一个贵族家庭，在这个家庭的三个孩子中排行老二。他的父亲马格努斯·F.冯·布劳恩男爵是魏玛共和国时期的德国农业大臣（1877～1972），他的母亲埃米·冯·布劳恩男爵夫人也出身于贵族世家，是一个出色的业余天文学爱好者。

1918年维尔西茨划归波兰后，冯·布劳恩的父亲将全家迁往德国本土，并在柏林定居。冯·布劳恩对火箭的热爱源于他的母亲。1925年，当冯·布劳恩接受坚信礼时，他的母亲不是按惯例送给他一块金表作为礼物，却给了他一个望远镜，从此，冯·布劳恩便迷上了浩瀚星空。

坚信礼，一种基督教仪式。根据基督教教义，孩子在一个月时受洗礼，13岁时受坚信礼。孩子只有被施坚信礼后，才能成为教会正式教徒。冯·布劳恩说："于是，我也成了一个业余天文爱好者，从而对宇宙产生了兴趣，并进而对有朝一日能把人送上月球的飞行器产生了好奇心。"

一天傍晚，一声巨响打破了柏林使馆区内的蒂尔加滕街的宁静，警察当即抓住了一个13岁的男孩。原来这个男孩用6支特大焰火绑在他的滑板车上，导火索点燃后，滑板车失控飞了出去，这个男孩就是布劳恩。

这件事让他的父亲非常生气，于是把他关进了书房。1928年，冯·布劳恩被父母送到一所寄宿学校学习，在那里他看到了火箭先驱赫尔曼·奥伯特的著作《星际火箭》，并开始对星际旅行深深着迷。

1930年，冯·布劳恩进入柏林工业大学，成为赫尔曼·奥伯特的学生，不久参加了奥伯特创办的德国空间旅行学会，并很快成为董事会成员，并利用德国陆军提供的研究经费，协助奥伯特进行液体火箭研究。1934年，年仅22岁的冯·布劳

恩取得物理学博士学位。他写的毕业论文论述了液体推进剂火箭发动机理论和实验的各个方面，并且这篇论文被评为最高等级—特优。

飞向宇宙是冯·布劳恩毕生的理想，为此，他做的第一步努力就是研制大功率火箭。凭借得天独厚的条件和机遇，1937 年冯·布劳恩被任命为佩内明德火箭研究中心技术部主任，迅速成长为当时火箭研究领域首屈一指的权威人物。

1939 年 3 月 23 日，在希特勒参观发射试验台的过程中，冯·布劳恩负责给希特勒讲述火箭的技术原理，这是他第一次见到希特勒。在 1933~1941 年的 8 年时间里，冯·布劳恩所率领的研发团队不断进行火箭研发。第一代 A–1 火箭重 150 千克，直径 0.3 米，长 1.4 米，采用酒精与液态氧推进剂，但推力只有 29.4 千牛。由于设计不合理，A–1 火箭试验失败。

1934 年 12 月 19 日和 20 日，2 枚重 500 千克的 A2 火箭发射成功，射程达到了 2.2 千米和 3.5 千米。由于 A–2 火箭取得了满意的成果，于是德军决定研制射程更远、载重量更大的第二代 A–3 和 A–4 火箭。

A–3 火箭重 750 千克，直径 0.7 米，长 6.5 米，推力 144 千牛，但火箭的射程仍未达到研究团队的期待。1937 年，德国陆军拨款 2000 万马克用于研发 A–4 火箭。最初，A–4 火箭设计射程为 175 千米、最大射高 80 千米、载重量 1 吨。

1942 年 10 月 3 日，在吸取 A–5（A–3 的改良版）火箭的研发经验与资料的基础上，A–4 火箭试飞成功，并随即量产制造。1944 年 9 月，A–4 火箭正式命名“V–2 火箭”。

V–2 火箭的生产成本低廉，价格仅为当时一架战斗机的 1/15。在实战中，盟军的防空力量无法拦截 V–2 火箭。德国大量发射 V–2 火箭，给英国和荷兰造成了巨大损失。

1945 年 5 月初，冯·布劳恩的火箭班子主动向美军第 44 师投降。1955 年 4 月 15 日，冯·布劳恩正式成为美国公民。1977 年 6 月 16 日，因患肠癌在弗吉尼亚州逝世。

（二）回形针行动

德国佩内明德试验基地遭到英国的摧毁后，德国人并没有中止V-1、V-2导弹的研制工作，反而加快了导弹的研制和生产进度。1944年6月13日，德军开始向伦敦发射V-1导弹；1944年9月6日，V-2导弹也开始实战发射。

V-1和V-2的实战表现使得美国等一些国家看到了这些武器的巨大作用。为此，美国军方将研制火箭的任务交给了加州理工学院，希望冯·卡门教授及其高徒钱学森能够尽快研制出同样的武器。经过一段时间的研究后，冯·卡门和钱学森等人认为，美国的技术实力与纳粹德国相比仍然存在很大的差距。

1945年春，纳粹德国在军事上屡屡失利，战败的命运已成定局。为了搜寻纳粹德国的先进武器，抢夺优秀的技术人员为自己服务，美国战略情报局和联合情报调查局决定派遣专家跟随美军进入德国腹地搜寻导弹专家，以便赶在苏联等国之前控制这批“宝贵财富”。

起初，这一活动代号为“云遮雾绕工程”。按照美军的有关规定，不能与战争罪犯直接打交道。但是，美军情报部门发现，几乎所有需要带回美国的纳粹科学家和工程师等技术人员都与纳粹有联系，甚至有犯战争罪的嫌疑。

由于美国国内有人强烈反对美军利用敌人的技术人员为自己服务，但出于美国自身的战略利益，美军决定绕过那些规定秘密行动，为此，美军不得不把行动代号改为“回形针工程”，但其任务仍然没变。

1945年4月底，在军方的授权下，冯·卡门组建了一个由36位专家组成的调查团前往德国，调查团成员全部被授予正式军衔，其中，团长冯·卡门为陆军航空队少将，火箭组长钱学森被授予陆军航空队上校军衔。

在美军的护卫下，调查团的成员们冒着战火深入德国腹地，开始了搜寻德国最

高科技机密和一流科技人才的工作。根据盟军有关约定，V−2 火箭基地所在地诺德豪森应由苏联红军占领。为了防止 V−2 导弹落入苏联人之手，美军决定“先发制人”，不惜一切代价也要搞到 V−2 火箭。于是，美军调查团的成员们迅速潜入诺德豪森。

由于诺德豪森附近无法起降运输机，美军决定立即调派火车将 V−2 火箭、零部件和机器等全部运走。5 月 22 日，第一列装载 V−2 导弹设备的火车驶向了比利时北部港口安特卫普。此后，这批设备经由美军战舰运往美国本土。在短短的 9 天时间里，美军抢运的设备装了满满 3 火车。据计算，这些运走的设备足以在美国组装 100 枚 V−2 导弹。

除了抢运导弹设备以外，调查团的另一个重要任务就是“邀请”德国的导弹专家。首先被盯上的就是号称为“德国导弹之父”的冯·布劳恩。1945 年 5 月 2 日，美军第 44 师俘获了一个重要人物，这人就是冯·布劳恩的兄弟—火箭工程师马格努斯。

在审问中，马格努斯说：“我的名字是马格努斯·冯·布劳恩，我的大哥发明了 V2 导弹，我们都想向你们投降。”在马格努斯的协助下，美军终于在米斯地区找到了冯·布劳恩。冯·布劳恩说：“我知道我们（纳粹德国）创造了一种新的战争模式，问题是现在我们不知道。应该把我们的才智贡献给哪个战胜国。我希望地球能避免再进行一场世界大战，我认为只有在各大国导弹技术均衡的条件下，才能维持未来的和平。”

1945 年 6 月 19 日，即美军向苏军移交加米斯防区的前两天，冯·布劳恩乘吉普车被转移到了慕尼黑。随后，乘军用运输机被送到了诺德豪森。

1945 年 6 月 20 日，时任美国国务卿赫尔致电感谢冯·卡门调查团所做出的贡献，批准将冯·布劳恩等德国科学家尽快送回美国。9 月 20 日，在钱学森的亲自护送下，首批 7 名德国科学家返回美国，其中就包括冯·布劳恩。不久，另外 120 多名德国火箭工程师也全部运往美国，并在新墨西哥州协助美军研究美国版 V−2 火箭。

第二章　巡航导弹

一、巡航导弹概述

巡航导弹是与弹道导弹相比较而言的一种导弹，也称飞航式导弹，是指主要以巡航状态飞行的有翼导弹。“巡航”是飞行器飞行状态的一种，指的是发动机的推力约等于空气阻力，气动升力约等于飞行器重量，飞行器保持近似于匀速和等高的状态飞行。

与其他导弹一样，巡航导弹也由发动机、制导系统、弹头和弹体 4 大部分组成。但是，它通常采用空气喷气发动机，从发射到命中目标始终在发动机推力作用和制导系统控制下，主要以巡航状态飞行，不分主动段和被动段，所以，称为巡航导弹。

（一）巡航导弹的历史

巡航导弹与弹道导弹几乎在同一时期发展。第二次世界大战后期，法西斯德国的V-1巡航导弹和V-2弹道导弹相继研制成功，成为世界上最早的导弹。这两种导弹主要用于袭击英国、荷兰和比利时等国家。但随着德国的战败，资料和技术人员被美苏两个大国接手。

二战后期是巡航导弹发展史上的初创时期。从1940—1945年，巡航导弹以德国研制的V-1巡航导弹为代表。V-1是世界上第一个真正大量投入使用的飞航式导弹。从1944年6月13日到1945年3月中旬的10个月时间里，德国总共对英国和欧洲其他地方发射了约15000枚V-1巡航导弹，虽然其技术还比较差，但对第二次世界大战以及以后导弹技术发展产生了不可估量的影响。

第二次世界大战结束后，巡航导弹进入到探索时期。从1946年至1965年，美苏两国以V-1导弹为基础，大力发展各自的飞航式导弹技术，但其核心仍然是从技术和战术两个方面来验证飞航式导弹技术的有效性。

这一时期，苏联以发展飞航式反舰导弹为主，主要用于对付航空母舰编队等水面舰船。主要代表为SS-N-3A“沙道克”反舰巡航导弹。该弹全长10.20米，直径0.98米，翼展5米，弹重5400千克；常规战斗部重1000千克，核战斗部当量35万吨；采用无线电指令或惯性制导+红外或雷达末制导；动力装置为涡轮喷气发动机+固体火箭助推器，巡航速度0.9马赫，巡航高度 3000 ~ 6000 米，飞行距离 450 千米。

在同一时期里，美国相继研制出“蛇鲨”、“那伐鹤”、“斗牛士”等地地巡航导弹，随后又研制出“天狮星”舰载巡航导弹、“大猎犬”机载巡航导弹等10余种型号的导弹。但是，这些巡航导弹的尺寸大、质量重、精度低、速度慢、可靠性差，大多在 20 世纪 60 年代前后退役。

1966—1990 年，巡航导弹进入到繁荣时期。1967 年 10 月 21 日，埃及使用“蚊子”级导弹艇及苏制舰载 SS-N-2“冥河”巡航导弹，击沉以色列“埃拉特”号驱逐舰，开创了用巡航导弹击沉军舰的先例。

在认识到巡航导弹在实战中的地位和作用后，世界发达国家投入大量的人力和财力，竞相发展巡航导弹。继美、苏两国之后，英国、法国、意大利以及中国也相继加入研制巡航导弹的行列之中。

（二）巡航导弹的种类

1. 根据发射方式不同，可分为空射型巡航导弹、陆基型巡航导弹、舰载型巡航导弹、潜射型巡航导弹。

2. 根据飞行速度不同，可分为极音速巡航导弹（速度超过 5 马赫）、超音速巡航导弹（1 ~ 5 马赫）、亚音速巡航导弹（小于 1 马赫）。

3. 根据射程不同，可分为远程巡航导弹、中程巡航导弹和短程巡航导弹。

目前，世界各国对什么是远程、中程和短程巡航导弹并没有明确的射程界限，比如有的国家认为射程达到3000千米以上的为远程巡航导弹，而有的认为达到2000千米以上的是远程巡航导弹。

4. 根据携带弹头类型不同，可分为核巡航导弹、常规巡航导弹和核常两用巡航导弹。

（三）巡航导弹的特点

一是弹体有弹翼。巡航导弹是在大气层中飞行的导弹，所以弹体一般都有弹翼、尾翼和舵面。弹翼主要用于在大气层中飞行时产生一种流体升力，用这种升力来平衡导弹的重量；尾翼主要用于保持导弹飞行姿态的稳定性，以减少外界的干扰；舵面则用来控制导弹飞行姿态和弹道的调整。

二是自身重量轻。一般巡航导弹弹体都比较小，重量轻，便于各种平台携载。如陆基“战斧”巡航导弹装在机动的运输－起竖－发射式车上，每

美国“战斧”巡航导弹

辆车载 4 枚，4 台车为 1 个导弹连。导弹发射连的重装备可由 C–130 或 C–5 等运输机空运至前沿阵地或发射场。

三是飞行高度低。巡航导弹在海面飞行高度一般为 7 ～ 15 米，平坦陆地为 50 米以下，山区和丘陵地带为 100 米以下，基本是随地形的起伏而不断改变飞行高度，而这一高度又都在对方雷达盲区之内，所以令对方很难发现。另外，导弹采取有效隐身措施后，其雷达反射面积仅为 0.02 ～ 0.1 平方米，相当于一只小海鸥的反射能力，极易达成攻击的突然性。

四是命中精度高。射程 2500 ～ 3000 千米的巡航导弹，命中误差不大于 60 米，精度高的可达 10 ～ 30 米，基本具有打击点状硬目标的能力，其作战效能一般比弹道导弹高 3 ～ 4 倍。

五是飞行速度慢。巡航导弹靠喷气发动机推动，速度较慢，飞行时间长，飞行高度又恰好在防空火力网之内，比较容易遭到对方防空兵器的拦击。

（四）巡航导弹的未来

一是增大打击距离。为扩大打击范围，大力发展超远程巡航导弹，使其具有战略、战术双重作用和威慑能力，已成为巡航导弹的一个发展趋势。

二是提高飞行速度。目前使用的巡航导弹绝大多数为亚音速，这恰恰是巡航导弹的一大缺点，研制超音速巡航导弹，以提高其突防能力和生存能力，已成为有关国家攻关的焦点之一。

三是采用隐身技术。为了提高巡航导弹的突防能力和打击行动的突然性，一些军事强国不满足于现有巡航导弹的隐身技术，正在研究相关技术，从外形、结构、材料、发射方式、飞行技术等多方面采取措施，实现巡航导弹的高度隐身，以规避敌方的探测和发现。

四是提高命中精度。精确制导是巡航导弹的最大优势。由于现有的地形匹配景像数字式辅助制导导弹系统使用烦琐，装定工作量大，有一定局限性，因此，一些等发达国家正拟采用新的制导系统和方案，如在巡航导弹上安装激光雷达、高性能超小型全球定位装置等，以提高巡航导弹的精度。

美国 AGM-129 空对地巡航导弹

二、经典巡航导弹

（一）德国 V-1 巡航导弹

V-1 导弹是德国在第二次世界大战后期研制的飞航式导弹，是世界上最早研制成功、最早用于实战的巡航导弹，主要用来袭击英国、荷兰和比利时。

德国人的火箭技术研究起源于 20 世纪 20 年代。1928 年，保罗·施米特就开始研究冲压式喷气发动机。1934 年，施米特和 G. 马德林一起提出采用冲压式喷气发动机作为“飞行炸弹”的方案，并于 1939 年做出样机，但由于达不到空军的要求，而未引起重视，被搁置一旁。

1941 年 10 月 12 日，德国在对英国的不列颠战役中遭到了英军的顽强抵抗，以失败而告终。为了报复，德国空军想起了施米特和马德林的“飞行炸弹”。1942 年 6 月，由德空军工程师勃列埃领导，在佩内明德开始进行 V-1 导弹的研制工作。

为了保密的需要，最早称其为 FZG-76 新型高射炮，或“防空用靶机设备”。后来由于其在飞行中能发出“嗡嗡”声，又称“嗡嗡”弹，最

主要参数	
重　　量	2150 千克
弹　　长	8.32 米
弹　　径	0.84 米
翼　　展	5.37 米
弹头类型	高爆常规弹头
最大射程	250 千米
发射方式	机载空中发射
动力系统	脉冲式喷气发动机

德国 V-1 巡航导弹模型

后命名为“V-1”“1号复仇武器”。1942年12月24日，V-1导弹的原型弹首次飞行试验成功，计划于一年后投入使用。

不料，导弹研制计划被服劳役的法国人报告给了盟军。在盟军的轰炸下，不仅使位于试验场东部的V-2导弹基地受到破坏，同时也影响到西部的V-1研制计划。直至1944年2月15日，V-1才进行第一次发射试验。

V-1导弹弹体呈纺锤形，前面的主翼和尾翼均为矩形平直翼。从外表上看，V-1导弹与普通飞机相似，只是在垂尾上部装了一个筒状发动机短舱，前端与机身相连。英国称之为“有翼飞弹”或“飞机飞弹”。

V-1导弹发射后，由自动驾驶装置控制按预定航向飞行，根据射程计数装置的计算，当导弹将到达目标上空时，阻流板打开，导弹减速俯冲奔向目标，直到引爆战斗部摧毁目标。

导弹战斗部装药830千克，发射速度240千米/小时，巡航速度640千米/小时，射程250千米。1944年6月13日，在法国北部的埃斯丹附近，德军向英军发射了第1枚“飞行炸弹”。整个二战期间，导弹生产数量估计20000～30000枚，其中包括最后一部分没有出厂的导弹在内。战争期间，德军总共向英国发射了1万枚左右的V-1巡航导弹。

（二）美国“斗牛士”巡航导弹

“斗牛士”（Matador）是美国第二次世界大战结束后自行研制的第一种地地巡航导弹。导弹由格伦·L·马丁公司研制，其设计类似于德国的V-1导弹。工程代号MX-771，军方代号SSM-A-1。

1949年1月20日，第1枚原型弹在白沙靶场进行发射试验，但导弹刚离开发射架就坠毁了。首次试射失败后，马丁公司制造出第1枚用来测试制导系统的原型弹YSSM-A-1。就在该弹试射后不久，美国空军突然宣布取消合同。然而朝鲜战争的爆发使这一事情出现了重大转机。于是，刚被取消的SSM-A-1项目又重新上马，而且还被置于最优先发展的位置。

由于SSM-A-1外形酷似飞机，因此被划入无人轰炸机行列，重新赋予B-61的编号，绰号“斗牛士”，编号B-61A。1952年，B-61A投产。1955年，美国空军第二次调整武器编号体系，B-61A改为TM-61A。

TM-61A弹长12.1米，弹径1.2米，高2.95米，翼展8.7米，重5400千克，战斗部重1360千克，可携带1枚当量5万吨的W-5核弹头或1枚高爆装药普通弹头，飞行速度1040千米/小时，实用升限13411米，最大射程1000千米。然而，TM-61A服役后不久就暴露出制导系统性能差、机动能力弱、操作复杂、反应慢等许多问题。

为此，美国空军决定研制其改进型TM-61B。但由于马丁公司技术储

备不足，TM-61B 的研制进度反而落后于 TM-61C。TM-61C 在 TM-61A 的基础上进行了小幅改进，1956 年投产，1957 年初服役，同年底替换所有的 TM-61A。TM-61C 换装了新型“沙尼克”制导系统。

TM-61B 于 1956 年首次试射，1957 年年末投产，1958 年中期装备美国空军，开始逐步取代 TM-61C。TM-61B 的外形与 TM-61A 基本相似，全长增加到 13.56 米，头部改为卵形，弹径增加到 1.37 米，翼展减少到 6.9 米。为方便储运，TM-61B 的弹翼可以折叠，垂尾后缘加装有方向舵。发射重量增至 6260 千克，采用美国古德伊尔公司研制的自动地形识别和导航系统，主发动机换为 J33-A-41 涡喷发动机，射程可达 1300 千米。战斗部为当量 110 万吨的 MK-28 核弹头，必要时也可换为常规高爆战斗部。

由于 TM-61B 比 TM-61A/C 改动太大，1958 年 10 月美国空军将生产型 TM-61B 的编号改为 TM-76A，绰号也由“斗牛士”变为“锤矛”。TM-76A 也采用机动方式发射，但技术保障车辆从原来的 28 辆减为 2 辆，作战反应、机动和生存能力大为提高。1963 年，美军将 TM-61C 改为 MGM-1C，而 TM-76A 改为 MGM-13。

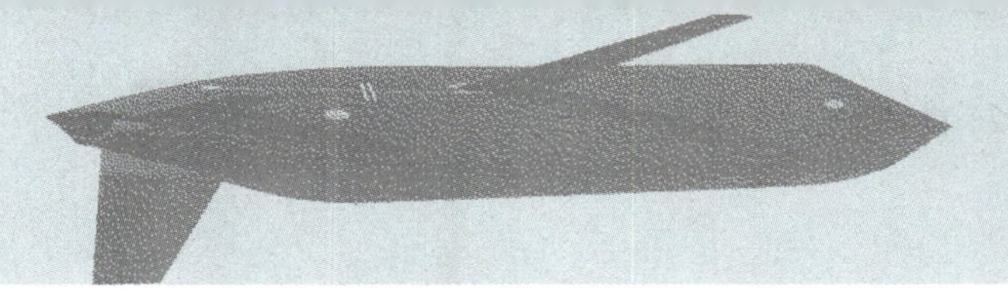

主要参数（TM-61C/MGM-1C）			
重　　量	5400 千克	最大射程	1100 千米
弹　　长	12.06 米	巡航速度	1040 千米 / 小时
弹　　径	1.37 米	命中精度	822 米
翼　　展	8.71 米	发射方式	地面机动发射
制导方式	微波制导	动力系统	涡喷发动机＋固体火箭助推器
弹头类型	核弹头		

美国“斗牛士”巡航导弹

（三）美国“蛇鲨”巡航导弹

“蛇鲨”（Snark）是美国诺思罗普公司早期研制的一种大型地地洲际巡航导弹，代号 SM–62。其主要作战使命是，在大规模空袭中，先期摧毁敌军以防空雷达为首的防空系统，确保后续轰炸机的有效渗透。

导弹以 19 世纪英国作家刘易斯·卡洛尔的小说《猎蛇鲨记》中的怪物“蛇鲨”命名。“蛇鲨”空军编号 SSM–A–3，公司内部代号 N–25。1947 年，导弹正式进入工程发展阶段。1950 年 12 月，导弹首次发射失败。1951 年 4 月，导弹发射成功。

N–25 发射重量 12700 千克，弹长 15.82 米，翼展 12.95 米，尾部有垂直尾翼，弹体内有 3 个主燃料箱和 1 个辅助燃料箱，采用火箭助推器从滑轨上助推起飞，弹头内装有无线电指令制导系统，弹体两侧装有类似喷气式飞机的大型后掠翼，从外形上来看就是一架无人战斗机。为了有效制导“蛇鲨”，诺思罗普改装 1 架 DB–45 喷气式轰炸机用作中继制导。

1950 年 6 月，美军突然要求提升蛇鲨性能。面对新的技术指标，诺思罗普公司推出了 N–25 的放大型号 N–69。1951 年，“蛇鲨”被赋予轰炸机编号 B–62。1955 年，美军更换新的编号体系，B–62 被赋予新的编号 SM–62。

此后，诺思罗普公司推出 N–69D，即 SM–62A。导弹重 9366 千克，发

美国“蛇鲨”SM-62A 巡航导弹

主要参数（SM-62A）			
重　　量	21850 千克	最大射程	10200 千米
弹　　长	20.5 米	巡航速度	1050 千米/小时
弹　　径	1.38 米	命中精度	9000 米
翼　　展	12.86 米	发射方式	地面机动发射
制导方式	惯性制导+天体辅助导航	动力系统	涡轮风扇发动机+固体火箭助推器
弹头类型	核弹头		

射重量近 22 吨，翼下加挂有 2 具容量为 2700 升的副油箱。1955 年 11 月开始试射，不过由于天文导航系统精度很差，飞行 3400 千米误差就达到了 32 千米。

1956 年，诺思罗普公司推出了最后一种“蛇鲨”，即 N-69E，这也是生产型“蛇鲨”的原型弹。导弹空重比 SM-62A 轻 900 千克，发射重量近 20 吨。配备的 W-39 核弹头威力超过 400 万吨 TNT。装备 2 台固体燃料火箭助推器，导弹和所有的地面设备能够用 1 架 C-124 运输机空运到作战地区。

1957 年 5 月，SM-62 开始装备美军第 556 战略导弹中队。1959 年年初，美军将第 556 中队划归新成立的第 702 联队 ,1961 年 1 月，美军对外宣布第 702 联队装备 30 枚“蛇鲨”，并开始担负战备值班。但就在宣布“蛇鲨”拥有作战能力后不久，新上任的肯尼迪总统描述其为“陈旧并且没有军事价值”。半年后，第 702 联队被撤编，大部分“蛇鲨”导弹被送至戴维斯基地销毁。

（四）美国“天狮星”巡航导弹

“天狮星”（Regulus）是美国海军第一代海基对地攻击巡航导弹，主要用于攻击城市和陆上战略目标，先后有“天狮星 -1”和“天狮星 -2”两种型号。“天狮星”也称“轩辕十四”星，是遥远的 G-218 星系中 12 颗主要星球中的一颗，位于 G-218 星系核心的右下角，是 12 星球的裁决者。

“天狮星 -1”，编号 SSM-N-8，于 1947 年开始研制，1951 年 3 月开始生产，1955 年服役，1960 年停产，1964 年退役。导弹设计尺寸长 9.1 米，翼展 3.0 米，直径 1.2 米，发射重量 4500 ~ 5400 千克。

“天狮星 -2”编号 SSM-N-9，1954 年开始研制，1956 年 5 月，首次飞行试验，1959 年 1 月终止生产。该型导弹是一种全新设计的超音速导弹，用以取代“天狮星 -1”导弹。该弹配备 1 台通用电气 J79-GE-3 涡轮喷气发动机和 1 台洛克达固体燃料火箭，配有当量相当于 100 ~ 200 万吨的 W27 型核弹头，采用无线电指令制导 + 惯性制导。

1953 年 7 月，美国在 SS-282“金枪鱼”号和 SS-317“巴伯罗鱼”号潜艇上装备“天狮星”导弹，导弹库中储备有 2 枚折叠了弹翼的“天狮星 -1”导弹。当时，“天狮星 -1”导弹只能在水面发射，作战准备过程相当繁杂和花费时间。发射前，潜艇必须浮出水面，发射人员跑上潜艇甲板升起发射架，再打开弹库牵引导弹上架就位，然后展开弹翼，导弹检测完毕后才能进行发射。

主要参数（天狮星 -1/2 型）			
重　　量	6207 千克 /10000 千克	最大射程	926/1852 千米
弹　　长	9.8/17.53 米	飞行高度	1200/18000 米
翼　　展	6.4/6.12 米	飞行速度	0.9/2.0 马赫
弹　　径	1.435/1.3 米	发射方式	舰艇水面发射
制导方式	无线电指令制导 / 无线电指令 + 惯性制导	动力系统	涡轮喷气发动机
弹头类型	W-5/W27 核弹头		

美国海射型“天狮星 -1”巡航导弹

（五）美国“大猎犬”巡航导弹

“大猎犬”（Hound Dog）是美国空军20世纪60年代研制的战略空地巡航导弹。该弹由北美航空集团研制，最初代号B-77，后改为GAM-77，最终定为AGM-28。导弹主要装备B-52战略轰炸机，目的是在对方防空火力之外，对敌方的重要目标实施远程打击。

“大猎犬”共有AGM-28A、AGM-28B两种型号。1958年10月16日，北美公司接到了“大猎犬”的制造订单。1958年11月，“大猎犬”进行首次模拟投放测试。1959年12月21日，第1枚生产型GAM-77“大猎犬”导弹交付空军。1961年5月，GAM-77升级为GAM-77A。1963年6月，GAM-77和GAM-77A正式命名为AGM-28A和AGM-28B。

“大猎犬”高2.84米，装有1台普拉特·惠特尼J52-P-3涡喷发动机。AGM-28A采用惯性导航系统与星跟踪器的校正，AGM-28B采用惯性制导加被动雷达寻的制导，前者圆概率误差约3700米，后者命中精度300～1800米。“大猎犬”战斗部重790千克，装有W-28核弹头，爆炸威力相当于7～145万吨TNT。

战斗部可以设定为地爆和空爆两种模式。空爆主要用于攻击大片区域内的软目标，如人员等；地爆主要用于攻击硬目标，如导弹基地或指挥控制中心等。B-52可在高空或低空发射“大猎犬”，但发射高度不能低于1524米。

1960 年 7 月，“大猎犬”初具作战能力。1962 年 1 月，开始空中执勤。1975 年 6 月 30 日，“大猎犬”全部退役，被更新的 AGM-69 和 AGM-86 所取代。由于“大猎犬”装备的是核弹头，因而直至退役时也没有 1 枚“大猎犬”导弹用于实战。

主要参数（AGM-28A）			
重　量	4603 千克	最大射程	1263 千米
弹　长	12.95 米	飞行速度	2.1 马赫
弹　径	0.71 米	飞行高度	17069 米
翼　展	3.71 米	命中精度	3700 米
制导方式	惯性制导	发射方式	轰炸机携载发射
弹头类型	核弹头	动力系统	涡轮喷气发动机

美国空射型“大猎犬”AGM-28 巡航导弹

（六）美国 AGM-86 空地巡航导弹

AGM-86 是美国空军装备使用的第三代战略空地巡航导弹，英文名称 Subsonic air-Launched Cruise Missile（ALCM），音译为“阿尔克姆”。AGM-86 空地巡航导弹由波音公司于 1973 年开始研制，其目的是提高 B-52 战略轰炸机的攻击有效性和战场生存能力。

AGM-86 是一种全天候、多用途巡航导弹，主要有 AGM-86A、AGM-86B、AGM-86C 三种型号。其中，AGM-86A 是亚声速巡航武装诱饵弹“斯卡德”（SCAD）的改进型，最大射程 1300 千米，巡航速度 0.66 马赫，巡航高度 50 ~ 100 米，采用地形匹配辅助惯性导航系统，距离目标 90 千米时高度降至 15 米，命中精度 185 米。战斗部采用 W80-1 小型核弹头，重 122.5 千克，核当量 20 万吨。由于射程太近，1977 年 6 月美国战略空军取消了该型导弹的研制。

AGM-86B 为 AGM-86A 的改进型，重量更大，射程更远。1977 年 7 月开始研制，1981 年从 B-52G 试射导弹成功，1982 年列装，弹长 6.36 米，弹径 0.693 米，翼展 3.66 米，重 1458 千克，最大射程 2500 千米，命中精度（圆概率误差）30 米，巡航高度 7.6 ~ 152.4 米，巡航速度 0.72 马赫，配备同样的 W80-1 小型核弹头。

AGM-86B 采用地形匹配辅助惯性导航系统，导弹贴近地面 50 ~ 100 米起伏飞行；离目标约 320 千米时进入末段地形匹配；在最后 24 千米时，

导弹以高亚音速突防向目标俯冲攻击。AGM-86B 于 1986 年 10 月停产。

AGM-86C 是在 AGM-86B 基础上研制的空射常规对地攻击巡航导弹。该型弹于 1986 年开始研制，主要目的是将核战斗部改为常规战斗部。1988 年，AGM-86C 具备初始作战能力。在 1991 年的海湾战争和 1999 年的科索沃战争中，AGM-86C 名声大振。

AGM-86C 也称“常规空射巡航导弹”（CALCM），可携带杀伤/爆破/电磁脉冲弹，最初称为 Block-0 型，战斗部重 907 千克；1996 年 Block-1 型试射成功。Block-1 型采用改进的航空电子设备和全球定位系统，是进一步的改进型，于 1998 年开始研制。

AGM-86D 也称 Block-2 型，于 2001 年 11 月首次试射。该型导弹配有洛克希德·马丁公司生产的重 540 千克的穿透战斗部，主要用于打击各类地下坚固目标。美国共生产 1715 枚 AGM-86B、239 枚 AGM-86C 和 50 枚 AGM-86D，预计服役时间至 2030 年。

AGM-86 具有射程远、精度高、威力大、体积小、飞行高度低等特点，1 架 B-52 轰炸机携带数量达 20 枚（机身内部 8 枚，外部 12 枚），可在敌防区外实施打击，敌方雷达难以探测和跟踪。但该弹飞行速度较慢，容易被拦截。

美国 AGM-86 空对地巡航导弹

主要参数（AGM-86C Block-1）	
重　　量	1430 千克
弹　　长	6.32 米
弹　　径	0.62 米
翼　　展	3.66 米
制导方式	惯性制导 +GPS 制导
弹头类型	常规弹药
最大射程	1600 千米
飞行高度	15 ~ 3000 米
飞行速度	0.77 马赫
命中精度	30 米
发射方式	轰炸机携载发射
动力系统	涡轮喷气发动机

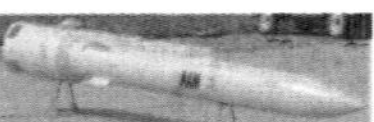

（七）美国“战斧”巡航导弹

“战斧”（Tomahawk）是美国海军装备的最主要的全天候、亚音速、多用途巡航导弹，是美国海军实施防区外火力打击的重要兵器。导弹编号 BGM-109，由美国通用动力公司于 1972 年开始研制，1976 年首次试飞，1983 年装备部队，主要有 BGM-109A、BGM-109B、BGM-109C、BGM-109D 等型号。

BGM-109A 为海射型对地攻击核弹头巡航导弹，1984 年 6 月部署。导弹重 1440 千克，弹长 6.25 米，直径 0.52 米，翼展 2.67 米，采用惯性制导加地形匹配制导，装有 1 台涡轮风扇发动机和 1 个固体火箭助推器，射程 2500 千米，巡航高度 15 ~ 152 米，巡航速度 0.72 马赫，战斗部重 122.5 千克，携带 1 枚当量为 20 万吨级的 W-80-1 型核弹头。

BGM-109B 为海射反舰导弹，主要装备“洛杉矶”级攻击型核潜艇、“新泽西”号战列舰和“斯普鲁恩级”驱逐舰。1981 年开始作战试验和鉴定，1983 年 11 月潜射型初具作战能力，1984 年 3 月舰射型初具作战能力。导弹外形尺寸与 BGM-109A 相同，中段制导采用捷联式惯性制导系统，末制导采用 PR-53/PSQ-28 主动雷达导引头。战斗部采用“小斗犬 -B”半穿甲战斗部，重 454 千克。其改进型称为 BGM-109E，射程 460 千米。

BGM-109C 为海射型对地攻击巡航导弹，1981 年年初开始研制，1982 年年初装备潜艇，1983 年 6 月装备水面舰船，用来攻击敌方海军航空兵基地指挥中心、桥梁、油库等陆上重要目标。导弹采用惯性导航 + 地形匹配加数字式景象匹配末制导，导弹配备高能弹头，射程 1300 千米，巡航高度 15 ~ 150 米，巡航速度 0.72 马赫，命中精度小于 10 米。

BGM-109D 也称为 Block-2B，为布撒型对地攻击巡航导弹，采用子母弹战斗部，内装 166 枚 BLU-97B 子弹药，1988 年装备部队，其改进型称为 BGM-109F。

Block-3 为海射型对地攻击巡航导弹，在 BGM-109C/D 基础改进而成，1988 年研制，1993 年装备部队，装有 1 台先进的 F107-WR-402 型涡轮风扇发动机，射程 1667 千米（舰射型）或 1127 千米（潜射型），巡航速度 0.72 马赫，战斗部采用 WDU-36B 钝感炸药高效战斗部，采用惯性制导加 GPS 卫星制导 + 数字场景匹配区域关联制导，命中精度 3 ~ 6 米。

Block-4 为 Block-3 的改进型，射程 1400 千米，2004 年服役。该弹主要特点有：具备双向卫星信号传输功能，指挥官可以在导弹飞行途中改变攻击目标，转而打击预先输入的后备目标，或者对由其他方式提供的目标进行重新瞄准；导弹还可以在战区上空长时间徘徊，以等待接收攻击“高价值目标”的指令。此外，导弹还可将飞行状态和精确打击情况反馈给作战人员，并能将部分战场损坏图像传回作战舰艇；导弹系统本身具有一定的反 GPS 干扰功能。

美国 BGM-109D 巡航导弹

主要参数 (BGM-109D)	
重　　量	1440 千克
弹　　长	6.25 米
弹　　径	0.52 米
翼　　展	2.67 米
制导方式	惯导加地形匹配制导
弹头类型	子母弹
最大射程	875 千米
飞行高度	15 ~ 150 米
飞行速度	0.72 马赫
命中精度	10 米
发射方式	海上舰艇携载发射
动力系统	涡轮风扇发动机

（八）美国 AGM-129 巡航导弹

AGM-129 是美国空军装备使用的第一种隐身战略空射巡航导弹，属于第四战略空地导弹。该弹由原通用动力公司（现雷神公司）研制，其名称为“先进巡航导弹”（Advanced Cruise Missile），英文缩写 ACM，音译“阿克姆”。

1985 年 7 月，AGM-129 首次进行飞行试验，1986 年 7 月投入小批量生产。导弹的研制计划十分保密，研制过程中的许多重要细节和关键技术从未透露，连导弹的分类、编号也是一年后才正式公布。1990 年 6 月第 1 枚导弹交付军方。

AGM-129 共有 A 型和 B 型两种。其中，AGM-129A 携带 1 枚当量为 20 万吨级 TNT 的 W80-1 核弹头，1991 年开始装备 B-52 战略轰炸机，每架飞机可在翼下携带 12 枚导弹，采购单价高达 673.4 万美元。

AGM-129 拥有独特的隐身气动外形设计和巧妙的结构布局，采用外表光滑的扁平弹体、尖楔头部和扁平尖楔尾部，1 对折叠式弹翼位于弹体中部上方，1 对折叠式水平尾翼位于弹体尾部两侧，1 个折叠式垂直尾翼位于弹体尾部下方，弹体和翼面均采用吸波复合材料和吸波涂料，其雷达反射截面积仅为 0.01 平方米，被称为“神秘的杀手”。

AGM-129 采用惯性导航、地形匹配、激光雷达复合制导，制导系统由惯性基准装置、弹载计算机、速度 / 加速度传感器、电源装置以及接口装置

等组成，确保导弹可以在超低空情况下以高亚音速进行地形跟踪和机动飞行，其命中精度 16 米。

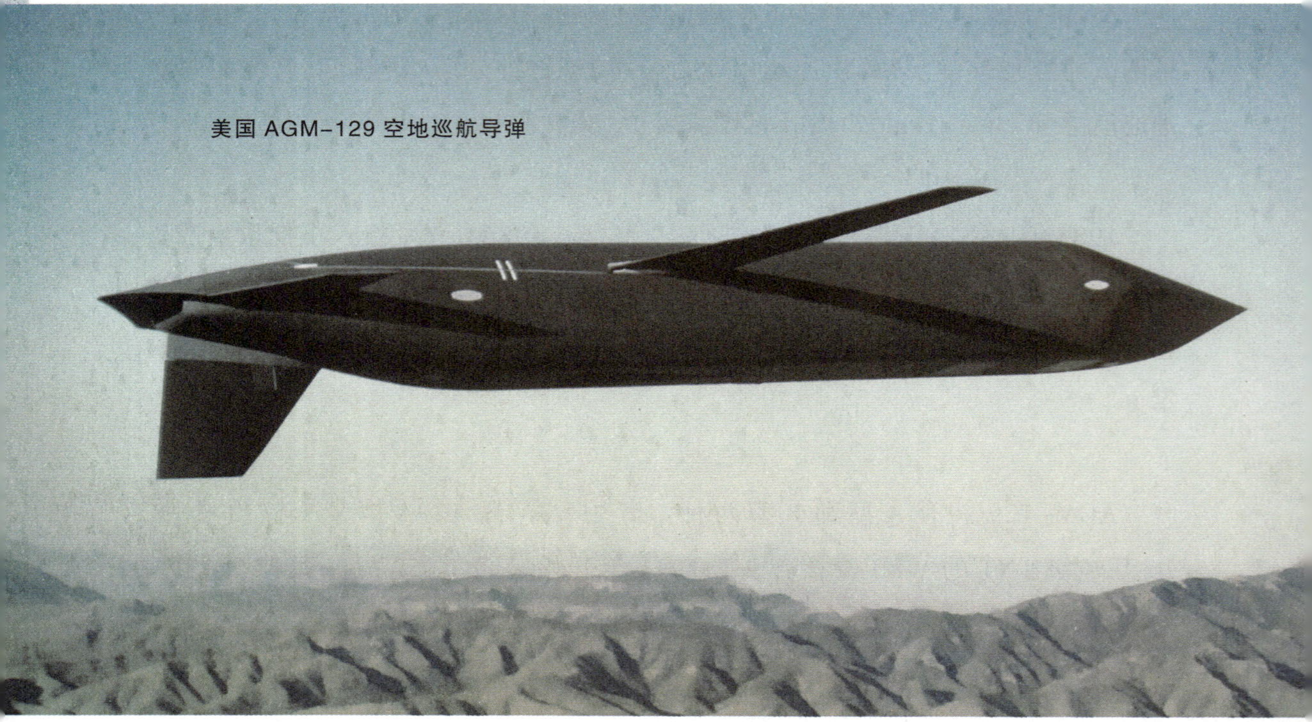

美国 AGM-129 空地巡航导弹

主要参数（AGM-129A）			
重　　量	1334 千克	最大射程	3704 千米
弹　　长	6.35 米	飞行速度	800 千米 / 小时
弹　　径	0.705 米	命中精度	16 米
翼　　展	3.1 米	发射方式	轰炸机携载发射
制导方式	惯性制导 + 地形匹配制导	动力系统	涡轮喷气发动机
弹头类型	核弹头		

（九）俄罗斯 AS-15 巡航导弹

AS-15 是苏联 20 世纪 60 年代研制的一种远程亚音速空射巡航导弹，由苏联彩虹设计局研制，苏联代号为 PKB-500A，海 / 空军使用代号为 X-55（Kh-55），北约组织称为 AS-15，绰号“肯特（Kent）”或“撑杆”。

AS-15 采用正常式气动外形布局，中弹体为矩形中单翼，可后向折叠，便于弹舱内部挂载。尾部有三角形水平尾翼和带方向舵的垂直安定面，均为折叠式，以充分利用弹舱容积。动力装置采用外挂方式，弹体下方吊装 1 台涡轮风扇发动机。由于其外形与美国的“战斧”式巡航导弹十分相似，所以又被戏称为“战斧斯基”。

Kh-55 巡航导弹在发展过程中派生出多种型号。Kh-55，北约称为 Kent-A，1978 年完成首次试射，1981 年投产，1983 年正式服役。其中，空射型 Kh-55/AS-15A 以图 -95MS 战略轰炸机为携载平台，载弹 16 枚；潜射型 RKV-500A / SS-N-21 可从水下发射，1 艘潜艇最多可携带 24 枚；陆基型 RK-55 / SSC-X-4 以导弹车作为机动平台，每辆车载弹 6 枚。导弹重 1700 千克，可携载 1 枚当量为 20 万吨 TNT 的核弹头，射程 2500 千米。

Kh-55SM，北约称为 Kent-B，1987 年取代 Kh-55 服役。通过增加一对机翼形油箱后，射程增加至 3000 千米，与美国 BGM-109B“战斧”巡航导弹很接近。

Kh-555，北约称为 Kent-C，2000 年 1 月试射，是在 Kh-55 基础上发展的低可探测性战略空射巡航导弹。弹体由先进的复合材料制成，采用雷达吸波涂层和吸波材料等隐形技术，雷达反射截面积只有 0.01 平方米。弹体前段装有附加油箱，战斗部重 410 千克，命中精度俄军说法 150 米（美军认为 45 米），弹头可携带子母弹。其威力、射程乃至打击精度好于美国“战斧”巡航导弹。图 -95MS 可带弹 11 枚。

俄罗斯 AS-15 巡航导弹

主要参数（Kh-555）			
重　量	1250 千克	最大射程	3500 千米
弹　长	7.45 米	飞行速度	1200 千米 / 小时
弹　径	0.514 米	命中精度	45 米
翼　展	3.1 米	发射方式	轰炸机携载发射
制导方式	地形匹配加卫星 + 光学寻的制导	动力系统	涡轮风扇发动机
弹头类型	核弹头 / 常规弹头		

（十）印度“布拉莫斯”巡航导弹

“布拉莫斯”是印度和俄罗斯联合研制的新一代超音速巡航导弹。英文名字为BrahMos，由印度布拉马普特拉河（Brahmaputra）和俄罗斯莫斯科河（Moscow）两个英文单词缩合而成。

“布拉莫斯”巡航导弹在俄罗斯SS-N-2/P-800“白玛瑙/宝石”反舰导弹的基础上研制而成，代号P-J10。导弹共有海射型、陆射型和空射型3种，可实现“一弹三军通用”。其中，舰载发射平台有2个发射管，内装8枚导弹；地面机动发射平台有1个发射管，内装3枚导弹；空射型可在苏-30MKI战斗机上挂载3枚导弹。

1999年，由俄罗斯提供研制生产所需的技术资料与备件，开始进行样弹生产。2001年6月，海射型“布拉莫斯”在陆上首次发射试验成功。2004年9月，“布拉莫斯”海射型超音速反舰巡航导弹全面投产。

主要参数（空射型）			
重　　量	2500 千克	最大射程	350 千米
弹　　长	8.4 米	飞行速度	2.8 马赫
弹　　径	0.6 米	命中精度	1 米
制导方式	主动雷达加 GPS 制导	发射方式	机载发射
弹头类型	核弹头 / 常规弹头	动力系统	液体冲压喷气发动机

印度“布拉莫斯”巡航导弹

陆射型于2004年12月首次试验。2007年6月，印度陆军接收了第一个陆射型导弹连。每个连4具发射装置，采用12×12“太脱拉”汽车底盘。2005年2月，印度宣布空射型“布拉莫斯”研制成功。该弹主要装备“苏-30MKI”战斗机和“图-142”海上侦察机。“布拉莫斯”导弹射程50～350千米，巡航高度14000～15000米，末段弹道高度10～15米，发射重量3000千克（陆射型），空射型2500千克，弹头重量200～300千克。

“布拉莫斯”采用梭镖式气动布局外形设计，弹身表层涂有印度自行研制生产的雷达吸波涂料，具有一定的隐身性能，可最大限度地躲避雷达的搜索探测，降低被敌方雷达发现的概率。动力装置为固体火箭助推器加液体冲压喷气发动机，采用主动雷达加GPS卫星定位导航制导，导弹在飞行末段能下降到10米左右，贴近海平面并作蛇形机动弹道飞行，以躲避敌方拦截，具有较强的突防能力、抗干扰能力和抗反导拦截能力。

三、巡航导弹背后的故事

（一）夜袭佩内明德

佩内明德位于德国北部奥德河通往波罗的海出海口，距波兰什切青96千米，距英国1126千米。起初，佩内明德只不过是一个贫穷、荒凉的渔村，几乎无人知晓。不过，这里却是世界上第一种巡航导弹和弹道导弹，即V－1和V－2导弹的诞生地。

1936年6月，德国军械局选中了佩内明德，开始花费巨资建造一个规模更大、技术条件更为先进、保密条件更符合要求的导弹与火箭试验基地。

基地选好后，德军押走了当地的渔民，大量的科技人员和工人搬迁到了这里，开始了基地的建设工作。在导弹的整个研制和生产期间，佩内明德基地里的工作人员最多时达12000人，包括数千名德国优秀的工程技术专家，那些被俘的盟军士兵被强迫作为工人，在德军的刺刀和皮鞭下生活，工作经常通宵达旦。

1943年春，盟国空军开始对德国本土进行大规模的轰炸，而德国飞机却无法穿越英国的空防地带。为了报复盟军的空袭行动，希特勒下令加快导弹的研制进程，并宣称德国已拥有可致盟军于死地的“秘密武器”。

为了弄清楚德国人的“秘密武器”，盟军加强了情报的收集工作。除在佩内明德等可疑地区加强空中侦察外，还派人负责从战俘和特工人员那里收集有关情报。

为了麻痹德国人，英国皇家空军执行夜间轰炸什切青、柏林任务的飞机，经常飞过佩内明德的上空，不过并没有对其进行轰炸。其实，英国空军暗地里已经拍摄了大量照片，在为轰炸行动做必要的准备。

1943年8月17日夜，英国皇家空军571架四发重型轰炸机开始陆续起飞。起飞前，机组人员被告知，佩内明德是一个重要的雷达试验站，那里有一大批德国科学家，轰炸的任务是要尽可能地消灭这些科学家。而且，万一此次轰炸未能达到目的，务必于下一个夜晚不惜一切代价，再次进行轰炸。

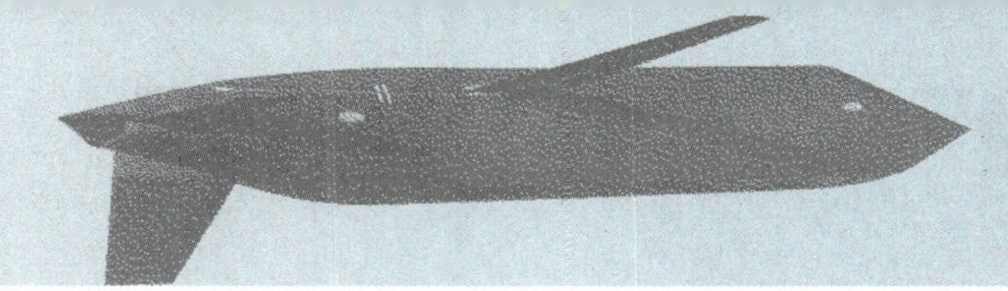

轰炸机起飞后，首先故意迂回飞行，然后突然飞往佩内明德。佩内明德的德军以为这些飞机还像往常一样，是去轰炸什切青和柏林的，因此毫不在意。不过，这一次他们却想错了。

飞在最前面的英国飞机突然降低高度，并在瞄准点周围投下各种颜色的照明弹；紧接着一批又一批最新式的带有轰炸瞄准具的轰炸机飞抵目标上空；然后接连不断地倾泻大量高爆炸弹和燃烧弹。

不到 40 分钟，英国就投下了 2000 吨炸弹，顷刻间，整个佩内明德变成了一片火海，德国科学家和技术人员居住的 45 幢木质房屋约有一半全部被毁，剩下的一半也受到严重破坏；另外还有 40 幢楼房，包括装配车间和实验室被夷为平地，其他 50 幢建筑物也遭到不同程度的破坏。基地内共有 735 人死亡或失踪，其中包括 178 名科学家和技术人员。

当最后一批轰炸机结束轰炸开始返航的时候，从柏林起飞的德国飞机才追了上来，共造成 41 架英国飞机被击毁。1943 年 8 月 18 日，英国空军发表了一份措辞简单的公告：德国设在佩内明德的研究机构已被轰炸。

此后，盟军频繁出动轰炸机，多次对佩内明德实施夜间空袭，以至于大部分试验设施被毁。为此，德国不得不将试验基地转移到德国中部哈尔茨山区的诺德豪森的地下工厂，从此佩内明德便失去了昔日的繁荣，变成了一片废墟。

（二）空袭巴格达

1991 年 1 月 17 日凌晨，夜幕笼罩下的伊拉克首都巴格达万籁偏寂，道路两旁的霓虹灯不停地闪烁，忙碌了一天的人们早已进入梦乡。突然，一阵阵巨响划破夜空，巴格达市区的灯光突然全部熄灭，顷刻之间，整个巴格达被笼罩在火光与硝烟之中。

继 1990 年 8 月 2 日伊拉克入侵科威特后，联合国多次通过决议要求伊拉克无条件撤军，但均遭到拒绝。与此同时，以美国为首的多国部队也加紧了海湾地区的

兵力部署行动。11月29日，联合国安理会通过第678号决议，规定1991年1月15日为伊拉克撤军的最后期限，但伊拉克仍毫无撤军迹象。

1991年1月16日凌晨3时27分，位于美国本土路易斯安那州巴克斯代尔空军基地的第596轰炸机中队的队员们被叫了起来。20分钟后，他们接到了第8航空队司令亲自下达的作战命令：奔袭伊拉克，向萨达姆发射巡航导弹！

6时30分，载有35枚AGM–86C空射巡航导弹的7架B–52H轰炸机，在阵阵的轰鸣声中腾空而起，向伊拉克飞去。经过在大西洋和地中海上空两次空中加油后，机群已经飞行了16多个小时，巴格达越来越近了。

1月17日2时30分，队长比尔德中校向他的队员们发出了攻击命令。随着一声令下，35枚空射AGM–86C巡航导弹，分别朝向巴格达发电厂、电力输送网、通信枢纽和预警中心等8个重要目标飞去。

伴随着阵阵的爆炸声，这些目标全部被击中。随后，7架B–52轰炸机掉转方向，朝美国本土飞去。整个空袭行动全程飞行距离22500多千米，相当于绕地球近半圈，总共飞行时间35个小时，创下了世界纪录。

1991年1月17日凌晨，美国白宫发言人菲茨沃特向记者宣布："以美国为首的多国部队已于格林威治时间17日零点整（巴格达当地时间1月17日2时30分）开始袭击伊拉克和被占领的科威特的目标。解放科威特的行动已经开始，这次军事行动的代号为'沙漠风暴'……"

就在美国发布记者招待会之际，一枚枚"战斧"巡航导弹也陆陆续续地从美国海军"洛杉矶"级攻击型核潜艇、"密苏里"和"威斯康星"战列舰、"提康德罗加"级导弹巡洋舰上腾空而起，向伊拉克首都巴格达和其他重要城市的目标飞去。

这些导弹离舰后先在距海面7～15米的高度巡航飞行，进入伊拉克境内后，转为距沙漠50米以下的高度飞行。仅开战第一天，美国海军就发射52枚"战斧"巡航导弹，除1枚因故障滞留在发射器中外，这些导弹就像长了眼睛一样，全部直接命中目标。

整个海湾战争期间，美国海军共向伊拉克发射288枚“战斧”，除6枚导弹因故障没有发射出去或发射后坠入大海之外，其余282枚全部发射成功，发射成功率达98%。正如美国海军负责水面舰艇作战的前海军作战部副部长、退役少将麦特考夫说：“在与伊拉克作战期间，假如没有‘战斧’巡航导弹，美国飞行员和飞机的损失将会是人们接受不了的。”

第三章　地地导弹

一、地地导弹概述

地地导弹，也称地对地导弹，是指从陆地发射用于攻击地面目标的导弹。地地导弹由弹头、弹体或战斗部、动力装置和制导系统等组成，与配置在地面的指挥控制设备、检测设备、瞄准设备、发射装置和其他保障设备一起构成地地导弹武器系统，是实施火力突击的主要兵器之一。

（一）地地导弹的历史

地地导弹是在德国研制的 V-1 和 V-2 导弹的基础上发展起来的。第二次世界大战后至 20 世 50 年代末，美国和苏联先后研制出第一代地地弹道导弹，主要有美国的“宇宙神”“诚实约翰”，还有苏联的 SS-1、SS-5、SS-6 等。这一代导弹使用液体推进剂，系统庞杂，反应时间长，命中精度低、可靠性差。

美国“诚实约翰”地地导弹

20 世纪五六十年代，第二代地地导弹投入使用，其主要代表有美国的“大力神”、“民兵 -1”和“潘兴 -1”，还有苏联的 SS-9、SS-11、“飞毛腿”导弹，以及法国的“冥王星（也称普鲁东）”导弹等。这一代导弹开始采用固体推进剂，飞行速度、命中精度、系统可靠性均有所提高。

美国“潘兴 -1”地地战术导弹

20 世纪六七十年代，出现第三代地地导弹，主要代表有美国的“民兵 -3”、苏联的 SS-18、法国的“哈德斯”等。这一代地地导弹普遍采用固体推进剂和末制导技术，导弹射程增大，精度提高，可携带多弹头和突防装置，导弹具有多目标攻击能力和突防能力。

20 世纪 80 年代以来，地地导弹进入第四代发展时期，其主要代表有美国的“和平卫士”和苏联的 SS-25 等。这一代地地导弹开始对地下发射井进行抗核加固，出现铁路或公路机动方式部署，导弹的生存能力有较大提高，并且采用复合制导技术和大威力分导式多弹头，提高了对硬目标的摧毁能力，命中精度有了很大提高，圆概率偏差达到 100 米以内。

（二）地地导弹的种类

1. 按照飞行弹道不同，可分为地地弹道导弹和地地巡航导弹。

2. 按射程不同，可分为洲际、远程、中程和近程地地导弹。

3. 按结构不同，可分为单级地地导弹和多级地地导弹。

4. 按作战使用不同，可分为地地战略导弹和地地战术导弹。地地战略弹道导弹通常携带单个或多个核弹头，射程远，威力大，命中精度高，用于打

伊朗“流星 -3”型地地战术导弹

击各种战略目标。地地战术导弹携带常规弹头（战斗部）或核弹头（核战斗部），尺寸小，质量轻，射程近，机动性好，可用汽车、火车、飞机、舰船运输，陆地机动发射，用于打击战役战术目标。

（三）地地导弹的特点

地地导弹携带单个或多个弹头，具有射程远、威力大、精度高等特点，已经成为战略核武器的主要组成部分。地地导弹与机载、舰载导弹相比，定位容易，地面上发射点的位置、发射方位和重力等数据都可预先精确测定，能较好地保证导弹初始瞄准的精度，但机动性和生存能力不及机载、舰载导弹。

地地导弹射程有的近至几十米，如地面发射的反坦克导弹，有的远达上万千米，如地地洲际弹道导弹。从导弹发射井发射的地地战略弹道导弹，由于阵地固定，平时易被对方侦察发现，其生存受到威胁。

（四）地地导弹的未来

一是提高打击能力，主要是提高导弹命中精度和突防能力。

二是提高战场生存能力，主要是提高导弹的机动性、隐蔽性以谋求更强的战场生存能力。

三是提高导弹与现代化的侦察、指挥和通信手段相结合的一体化水平。地地战术导弹与先进的目标侦察系统和自动化射击指挥系统网络结合起来，成为实时或近于实时的攻击系统，可以大大提高战术导弹的作战效果。

四是提高携带多种弹头的能力。采取分导式、子母弹战斗部、反装甲车辆战斗部和反坦克布雷战斗部等。

二、经典地地导弹

（一）美国“长矛”地地战术导弹

“长矛”是美国陆军装备的第二代地地战术导弹，也是美国陆军装备的最后一种核战斗部战术弹道导弹。该导弹系统主要为陆军军一级提供火力支援，打击敌方的指挥所、集结地域、后勤设施、导弹部队、前线机场等。

20 世纪 50 年代末期，美国陆军提出研制系列新型弹道导弹的需求，称为导弹“A”到“D”。其中，导弹“A”用于替换 MGR-3“小约翰”，导弹“B”替换 MGR-1“诚实约翰”，导弹“C”替换 MGM-29“中士”，导弹“D”（后来升级为 MGM-31“潘兴”导弹）替换 PGM-11“红石”导弹。

1962 年，凌·特姆科·沃特公司成为导弹“B”的主要合同商，此时该导弹被定性为短程导弹（射程 50 千米）。1962 年 11 月，该型导弹命名为“长矛”。1963 年 6 月，导弹代号被确定为 MGM-52。

1965 年 3 月，XMGM-52A（试验型号）进行了第一次试验。尽管此时 XMGM-52A 的测试工作仍在进行，但美军经决定只部署 MGM-52B。1969 年 5 月，XMGM-52B 进行第一次试射。1972 年开始装备部队，用以替换美国和北约其他成员国装备的 MGM-29“中士”导弹和 MGR-1“诚实约翰”导弹。1976 年 5 月，开始研制 MGM-52C。

“长矛”导弹在作战中可根据任务需要配备多种战斗部。其中，常规战斗部重量 454 千克（内装 860 个小炸弹），核弹头的威力为 10 万吨级

TNT 当量，W-70 型中子弹头重 211 千克，威力相当于 1000 吨 TNT 当量。

“长矛”导弹系统主要由“长矛”导弹、瞄准和导引仪器、M-113 装甲履带输送车、检测和程序编制装置以及 M-113 运输装弹车等部分组成。其中，1 辆 M-113 为自行发射车，配有牵引式轻便发射架；另 1 辆运输装弹车上载有 2 枚导弹。该车机动速度 64 千米 / 小时。

主要参数（MGM-52C）			
弹　　重	1290 千克	最大射程	120 千米
弹　　长	6.1 米	命中精度	100 米
弹　　径	0.56 米	发射方式	车载机动发射
制导方式	惯性制导	动力系统	单级预储式液体燃料火箭发动机
弹头类型	常规 / 子母 / 化学 / 核 / 中子弹头		

美国“长矛”地地战术导弹

（二）美国“潘兴－2”地地战术导弹

“潘兴 –2”是美国研制的一种中程地地固体弹道导弹，是美国的第三代地地战术弹道导弹，装备美国陆军。该型导弹于 1974 年开始研制，1978 年进入全面工程发展阶段，1983 年开始部署，1991 年退役，编号 MGM–31。

导弹共有 MGM–31A、MGM–31B 两种型号。弹体由第一级、第二级火箭发动机和再入器 3 部分组成，采用二级固体火箭发动机动力装置。固体火箭发动机采用端羟基聚丁二稀作为推进剂，推进剂共约 5400 千克，第一级 3200 千克、第二级 2200 千克。

弹上的再入器由制导－控制舱、战斗部和雷达舱、连接第二级发动机的连接舱 3 部分组成。其中，制导－控制舱主要装有惯性制导系统、弹上计算机、预存目标参考图像的存储器和相关设备以及再入器姿态设备等。

战斗部位于制导－控制舱和雷达舱之间，可携带核装药或常规装药，弹头可根据需要选择空中爆炸、地面爆炸或穿地爆炸 3 种方式，钻地爆弹头可钻入地下 30 ~ 45 米爆炸。雷达舵位于导弹的最前端。在导弹顶端，有 1 个保护雷达的天线罩和弹头引信的防护罩，在雷达开始工作前，自动起爆分离，将防护罩扔掉。

一个典型的“潘兴”导弹营包括 3 个发射连、1 个指挥连和 1 个勤务连。每个发射连编有 3 个发射排，每个排拥有 3 个导弹发射架。“潘兴 –2”导弹具有很好的地面机动性和地面生存能力，不需要固定的发射场。整个导弹及其发射装置可安装在1辆运输车上，也可以由C-130运输机或其他大型飞机空运。发射步骤简单，导弹从进入戒备状态到发射，仅需5分钟时间。

主要参数（MGM-31B）			
重　　量	7490千克	最大飞行高度	300千米
弹　　长	10.6米	最大飞行速度	12马赫
弹　　径	1.02米	命中精度	30米
制导方式	惯性+雷达地形匹配末制导	发射方式	车载机动发射
弹头类型	核/常规弹头	动力系统	两级固体机动火箭发动机
最大射程	1770千米		

美国“潘兴－2”地地战术导弹

（三）美国陆军战术导弹系统

陆军战术导弹系统（ATACMS）是美国陆军装备的一种全天候半制导半弹道式的第三代地地战术导弹武器系统。该系统由洛拉尔·沃特系统公司于1986年开始研制，海湾战争中首次投入实战使用，是美国陆军20世纪末和21世纪初的重要陆军武器系统，编号MGM-140。

ATACMS项目由美国陆军发起，于20世纪70年代末期正式提出，由美国陆军导弹司令部负责，期间曾提出过多种方案，20世纪90年代以后才正式改名为ATACMS。

该导弹系统可分为第一阶段陆军战术导弹（Block-1）和第二阶段陆军战术导弹（Block-2），两个阶段的导弹又分为普通型（Block-1、Block-2）和增程型（Block-1A、Block-2A），增程型的射程为普通型的2倍。

Block-1型为ATACMS最初的产品，1991年装备部队。导弹重1670千克，弹头重560千克，配有M74或M77型子母弹，内含950个子母弹，与“联合侦察和目标攻击系统”（JSTARS）配合使用，子弹药末端采用毫米波和红外制导，可携带反人员和轻型装备、反装甲、反硬目标、布撒地雷、反前沿机场和跑道等6种战斗部，射程265千米，命中精度225~250米。

Block-1A于1999年开始装备部队。导弹重1320千克，弹头重量减至160千克，最大射程300千米，采用惯性加GPS复合制导，命中精度100米，导弹由 M270 型多管火箭炮系统发射。其中，M74 子母弹散布面积约 3.3 万平方米，每颗子弹可产生 1200 块破片，杀伤半径可达 15 米。1 个 9 门制的“陆军战术导弹系统”导弹连，一次齐射对目标产生的效果相当于 33 个 155 毫米榴弹炮营的一次齐射，或 792 发榴弹产生的杀伤效果。

美国陆军战术导弹系统（ATACMS）

Block-2 重 1480 千克，弹头重 268 千克，最大射程 140 千米，精度 200 米。与 Block-1 型不同的是，Block-2 没有配备 M74 子弹药，而是配备 13 枚更为先进的 BAT 子弹药。BAT 子弹药长 91.44 厘米，重 19.96 千克，装有红外寻的头，能实时摧毁在远距离移动的装甲部队。Block-2A 以 Block-1A 为基础，可携带 6 枚 BAT 子弹药，最大射程为 220 千米，命中精度 100 米。

主要参数（block 1A）			
重　量	1320 千克	最大射程	300 千米
弹　长	3.96 米	命中精度	100 米
弹　径	0.61 米	发射方式	车载机动发射
制导方式	综合制导	动力系统	单级固体火箭发动机
弹头类型	常规多用途子母弹		

（四）俄罗斯“飞毛腿”地地战术导弹

“飞毛腿”（Scud）是苏联20世纪50年代研制开发并被广泛出口的一种近程地地战术弹道导弹，由彼得巴普洛夫斯克重型机械制造厂生产，苏联命名为P－17/P－17M地地战役战术导弹系统，北约国家称其为“飞毛腿”导弹，美国称其为SS-1型导弹。

“飞毛腿”导弹共有A、B、C、D 4个型号。其中，A、B两个型号几乎就是德国V-2导弹的仿制品。A型（Scud-A）于1954年首次试射，1957年服役，并于1957年出现在莫斯科红场阅兵式上。B型于1965年服役，C型于1970年服役，D型于1989年服役。

“飞毛腿”导弹系统由导弹和地面设备两大部分组成。地面设备主要有运输起竖发射三用车，地面测量车、指挥车、电源车、推进剂加注车、测试车、消防车等。每个旅装备12～18辆发射车，采用MAZ-543A轮式汽车底盘，每车配备2辆储运车，携带导弹4枚，全旅共有48～72枚导弹。

“飞毛腿”导弹长11.25米（除A型短1米外），直径0.88米，作战准备时间45分钟至1.5小时。其中，A型重4400千克，配有常规弹头或核弹头，常规战斗部重700千克，核战斗部重400千克（爆炸威力相当于20万吨TNT炸药），射程180千米，命中精度3000米。

B型重5900千克，装有混合装药战斗部，也可装填100千克当量的核战斗部、爆破战斗部、化学或高爆战斗部，射程 300 千米，命中精度 450 米。

C 型重 6400 千克，配有轻弹头增程弹，可携带 5 ~ 80 千吨的常规高爆的核武器或化学武器弹头，射程 550 千米，命中精度 700 米。D 型重 6500 千克，配有精度试验弹，可携带 1 个常规高爆弹头、1 个燃料空气弹头、40 个机场跑道破坏弹或者 100 个 5 千克的人员杀伤小炸弹，射程 300 千米，命中精度 50 米。

苏联“飞毛腿”地地战术导弹

该导弹除装备独联体国家外，还大量出口到朝鲜、伊朗、埃及、利比亚、叙利亚、伊拉克、也门等国家，并广泛用于苏联入侵阿富汗战争、两伊战争、海湾战争。

主要参数（“飞毛腿”B）			
重　量	5.9 吨	最大射程	300 千米
弹　长	11.25 米	命中精度	450 米
弹　径	0.88 米	发射方式	车载机动发射
制导方式	惯性制导	动力系统	液体火箭发动机
弹头类型	常规弹头或化学、核弹头		

（五）俄罗斯 SS-21 地地战术导弹

SS-21 是苏联于 20 世纪 60 年代末期发展的一种地地战术导弹。该导弹系统命名为 9K79，导弹型号为 9M79，苏军称其为“圆点”或“托契卡”导弹，西方国家称其为 SS-21 型导弹，绰号“圣甲虫”。“圣甲虫”学名“蜣螂”，也就是通常所说的“屎壳郎”。

该型导弹以 1960 年苏联“火炬”战术导弹设计局研制的 B-611 远程机动地空导弹系统为基础，由科洛姆纳机器制造设计局（KBM）研制，共有 SS-21A、SS-21B、SS-21C 三种型号。导弹最初于 1975 年装备苏军，1985 年对外公开。

SS-21 为单级固体战术短程弹道导弹。最初的型号称为“圣甲虫 A”（Scarab-A 或 SS-21A），导弹重 2000 千克，配有 1 个重 482 千克的战斗部，也可携带核战斗部，最小射程 15 千米，最大射程 70 千米，命中精度约 150 米，现已全部退役。

“圣甲虫 B”为“圣甲虫 A”的改进型，1989 年开始装备部队，称为“圆点 -Y”导弹，北约称其为“地堡 -U”导弹。导弹重 2010 千克，飞行速度 300 ~ 500 米 / 秒，最小射程 20 千米，最大射程增加到 120 千米。

20 世纪 90 年代，俄罗斯对该型导弹再一次改进，称为“圣甲虫 C”。通过改进，SS-21C 重 1800 千克，射程增加到 185 千米，命中精度小于 70 米。

SS-21采用机动发射方式发射，每个导弹旅装备有18套导弹系统，每套导弹系统由1辆发射车和1辆弹药车组成，公路最大时速60千米/小时，最大行程650千米，每套系统可携带导弹2～3枚。发射车可在16分钟内从行军状态转入战斗状态，2分钟内完成发射；发射完毕后，可在1.5分钟内撤出阵地。弹药车上部有2个密封式隔舱，装有2枚导弹，可在20分钟内完成再次装填。

主要参数（SS-21B）			
重　　量	2010千克	最大射程	120千米
弹　　长	6.4米	命中精度	95米
弹　　径	0.65米	发射方式	车载机动发射
制导方式	惯性制导	动力系统	单级固体火箭发动机
弹头类型	常规/核/化学/末制导/子母弹头		

俄罗斯SS-21地地战术导弹

（六）俄罗斯SS-23地地战术导弹

SS-23是苏联20世纪70年代研制的一种地地战术导弹，用以取代“飞毛腿”导弹和SS-21“圆点”导弹。该弹由苏联科洛姆纳设计局研制，由苏联科学院院士、战术导弹设计大师涅波别季梅设计。导弹代号9K714，绰号“奥卡”。奥卡河是伏尔加河最大的一条支流，导弹的名称由此而来。

1973年，苏联国防委员会将导弹研制任务下达给科洛姆纳设计局。1979年，导弹开始生产。1980年，进入苏军服役。1981年，导弹被北约组织发现，将其命名为SS-23导弹，绰号“蜘蛛”。1985年，导弹开始在驻东德的突击集群部署。

“奥卡”导弹为单级固体近程弹道导弹，借鉴了SS-21“圆点”导弹的成熟经验，整套系统由沃特金斯克机器制造厂生产，可携带常规弹头、化学或核弹头，命中精度30~150米，苏军在战斗条令规定该型导弹主要用于打击400千米内的纵深目标，但理论上其最大射程可达500千米。

依弹头不同，导弹战斗部重372 ~ 715千克不等。最常用的常规战斗部有两种：一是9N74F整体式高爆弹头，配用9M714F火箭，与“圆点”导弹类似，使用激光测距空爆引信；第二种是9H74K集束子母弹头，内装95枚3.84千克重的9H225高爆子母弹药，通过爆炸后产生的高速飞行子弹药，主要用于攻击坦克装备车辆，其杀伤半径达3000米。

“奥卡”还配有两种核弹头。其中，9N74B 型核战斗部为原子弹，配用火箭 9M714B，当量 1 ~ 5 万吨；9N63 型核战斗部为氢弹，配用 9M714B1 火箭，当量 20 万吨。此外，“奥卡”导弹还配有一种大长径比的战斗教练弹，型号为 9N63UT，西方曾一度误认为是常规钻地弹头。

导弹采用机动发射方式发射，配备型号为 9P71 的运输、起竖、发射三用车，以及 9T230 型导弹运输装载车。发射车战斗全重 29985 千克，战斗成员 3 人，公路最大速度 65 千米 / 小时，越野速度 20 ~ 40 千米 / 小时，水上速度 8 ~ 10 千米 / 小时，最大行程 1000 千米，战斗行程 700 千米。

“奥卡”导弹是当时的一种顶尖武器。为了对付北约的导弹防御系统，苏联人对导弹的突防性能进行了特别设计，比如在战斗部敷设有雷达散射涂层，为导弹配备电子对抗设备、假弹头和箔条诱饵等。甚至，导弹的总设计师涅波别季梅曾经说过：“奥卡超过美国人整整一个时代，属于无法拦截的导弹。”

俄罗斯 SS-23 地地战术导弹

主要参数	
重　　量	4360 千克
弹　　长	7.53 米
弹　　径	0.89 米
制导方式	惯性制导
弹头类型	常规弹头或核弹头
最大射程	500 千米
命中精度	30 ~ 150 米
发射方式	车载机动发射
动力系统	固体火箭发动机

（七）俄罗斯 SS-26 地地战术导弹

SS-26 是俄罗斯研制的一种新型短程地地战术导弹，该型导弹设计代号为 9K720，俄罗斯称其为“伊斯坎德尔”导弹，北约代号为 SS-26，绰号“石头”。“伊斯坎德尔”是古代马其顿国王亚历山大大帝的阿拉伯语的名字，为此来吸引潜在的国外客户。

该弹在 SS-23“奥卡”（北约称“蜘蛛”）导弹的基础上研制而成。因此，也有人将“伊斯坎德尔”称为“蜘蛛 -B”。20 世纪 80 年代，由科洛姆纳机器制造设计局复活“奥卡”研制，1995 年 10 月 29 日，首次进行飞行试验，1999 年在莫斯科航展上进行了展示，2006 年装备部队。

SS-26 为单级、固体燃料、全程制导导弹，是俄罗斯军队装备的最先进的战役战术导弹。该弹共有“伊斯坎德尔 -M”、“伊斯坎德尔 -E”两种型号。“伊斯坎德尔 -E”用于出口，射程 280 千米。“伊斯坎德尔 -M”用于装备俄罗斯本国军队，射程 400 ~ 480 千米。

“伊斯坎德尔”配有 9M720、9M723、9M723E 等导弹，可携带集束子母弹头（含 54 枚小炸弹）、钻地弹头、高爆弹头、空气燃烧弹弹头和电磁脉冲弹等多种弹头。其中，9M720 为早期研制的导弹，9M723 为正式定型使用的导弹，9M723E 为出口使用型。9M723 型弹长 7.28 米，弹径 0.92 米，重 4615 千克，弹头重 800 千克；出口型的 9M723E 则分别为 3800 千克和 480 千克。

“伊斯坎德尔”导弹采用独特的结构设计并应用了大量隐身材料，可极大地吸收雷达波，能有效减少雷达反射截面积；导弹发射后和接近目标时，能自动进行20~30G大过载不规则机动，大大增加了被拦截的难度。俄军称，该型导弹能突破当今世界上任何一个导弹防御系统，毁伤能力是美国“陆军战术导弹系统”的2~3倍。

SS-26导弹可采用高精度捷联惯导、惯导加主动雷达制导、惯导加光电制导等复合制导方式。其中，捷联惯导的命中精度为30～70米，增加主动雷达制导后精度可提高至10米，增加光电复合制导后可进一步提高到5米。

“伊斯坎德尔”采用机动发射方式发射，导弹系统由导弹、自行发射车、装弹运输车、指挥控制车、技术保障车等组成。发射车和弹药运输车，单车装载2枚导弹，其他车辆为KAMAZ-43101型6×6底盘。接到作战指令后，导弹系统能立即启动发射装置，2枚导弹发射间隔不到1分钟。

俄罗斯“伊斯坎德尔”地对地战术导弹

主要参数	
重　　量	3800 千克
弹　　长	7.28 米
弹　　径	0.92 米
制导方式	惯性、卫星、景象、光电复合制导
弹头类型	核 / 常规装药
最大射程	400 千米
命中精度	5 ~ 7 米
发射方式	车载机动发射
动力系统	单级固体火箭发动机

（八）印度“大地”地地战术导弹

“大地”是印度自行研制的第一种地地近程战术弹道导弹系统，又称“普里特维”导弹（Prithvi）。主要用于打击敌方纵深目标，进行战场火力支援，主要包括部队和武器装备集结地、战场指挥中心、通信中心及其他重要目标。

该型导弹共有“大地 -1”“大地 -2”“大地 -3”3 个型号。其中，“大地 -1”型于 1983 年研制，1988 年首次试射，1994 年进入批量生产并服役；“大地 -2”型于 1996 年 1 月生产；“大地 -3”型于 2004 年 1 月生产。

“大地”导弹为单级液体弹道导弹，可从陆、海、空军不同的发射平台发射。“大地 -1”供陆军使用，弹长 9 米，直径 1.1 米，重 4400 千克，射程 150 千米，命中精度 50 米；空军使用的为“大地 -2”，弹长 8.56 米，直径 1.1 米，射程 250~350 千米，命中精度 75 米，“大地 -3”供陆军和海军使用，重 5600 千克，

主要参数（“大地-2”）			
重　　量	4600 千克	最大射程	350 千米
弹　　长	8.56 米	命中精度	75 米
弹　　径	1.1 米	发射方式	机动发射
制导方式	惯性制导	动力系统	单级液体火箭发动机
弹头类型	常规弹头		

印度“大地-2”型地地战术导弹

弹长 8.56 米，直径 1 米，射程 350 ~ 600 千米，命中精度 25 米。

该弹的弹头为圆锥形，弹体为圆柱形。弹体采用两组控制面，尾翼 4 片、尺寸较小，弹体中部弹翼较大，4 片对称安装，前缘后掠，后缘平直，展弦较短，其外形圆圆胖胖，空中飞行时的雷达投影面类似客机，以至于印度陆军军官暗地里称其是“波音 737”。

“大地”导弹目前虽仅配有高爆预制破片单一战斗部，但正在研制的还有子母弹、燃烧弹、小型地雷和燃料空气炸药战斗部。对于“大地”导弹而言，同样的导弹，射程要提高，弹头重量就要“牺牲”，射程最近的“大地 -1”型弹头重 1000 千克，而射程最远的“大地 -3”型弹头则只有 150 千克。

导弹采用垂直发射方式，导弹安装在特制的 8 × 8 轮式运输—起竖—发射三用车上。印陆军计划订购 120 枚“大地”导弹，分别装备第 333、444 和 555 特种导弹团。每团有 3 个导弹连和 1 个支援连。每个导弹连拥有 12 套发射车，配 16 枚“大地”导弹。

（九）印度“烈火”地地导弹

“烈火”是印度20世纪80年代后期开始研制并试射的系列地地导弹，是印度战略威慑主力之一。为表达对印度火神的崇敬而以“AGNI”命名。AGNI在北印度语或梵语中为“烈火”的意思。

“烈火”系列弹道导弹共有“烈火－1”“烈火－2”“烈火－3”“烈火－4”“烈火－5”等多个型号。“烈火－1”型为近程导弹，射程仅为700 ~ 1250千米。1989年5月22日，“烈火－1”首次发射，但直到2002年7月13日才宣布试射成功。该弹可携带1吨重的常规或核弹头，无须部署到边界就可对巴基斯坦境内绝大多数目标进行打击。

“烈火－2”和“烈火－3”为中程弹道导弹，射程分别为2000~3000千米和3000~5000千米。“烈火－2”型导弹全长约21米，直径1米，重16吨。1992年5月，印度试射“烈火－2”，但直到2012年8月9日才宣布试射成功。

“烈火－3”导弹长17米，直径2米，重22吨，发射重量2000千克，装有两级固体火箭发动机，采用惯性制导、GPS定位制导和雷达地形匹配制导，携带1.5 ~ 25万吨当量战术核弹、高爆弹、子母弹、凝固汽油弹，采用公路和铁路机动发射。1994年2月，印度开始试射“烈火－3 ”，直到2007年4月12日才宣布成功。

“烈火－4”为“烈火－2”的改进型，最大射程为3000~4000千米，其

研发目的是弥补“烈火 -2”和“烈火 -3”之间的射程差距。导弹于 2011 年 11 月 15 日试射成功。每枚导弹可运载 1.5 吨核弹头，包括单个核弹头或者 3 个分导式核弹头，可对 3 个不同的战略目标实施核打击。

“烈火 -5”于 2012 年 4 月 19 日试射成功。该型导弹可携带 1 枚 1000 千克核弹头，或者 3 ~ 10 枚核弹头。通过改装，该型导弹还可用来发射小型卫星，甚至可用来击落在轨的敌方卫星。导弹采用公路或铁路机动发射，最大射程 5000 千米，具备第二次核打击能力，高度可达 800 千米，能够覆盖大部分亚洲、半个欧洲以及印度洋的一半，可对中国、美国关岛基地及日本构成重要威胁。

印度“烈火 -3”弹道导弹

主要参数（“烈火 -5”）	
重　　量	22 吨
弹　　长	17 米
弹　　径	2 米
制导方式	惯性制导
弹头类型	分导核 / 常规弹头
最大射程	5000 千米
命中精度	（有资料称 10 米）
发射方式	公路或铁路机动发射
动力系统	三级固体燃料火箭发动机

（十）伊朗“流星”地地战术导弹

“流星”是伊朗研制的系列地地战役战术导弹。“流星”导弹又称“谢哈布”导弹。“谢哈布”（Shahab）在波斯语中是“流星”的意思。该系列导弹共有“流星 –1”“流星 –2”“流星 –3”“流星 –4”等多个型号。

“流星 –1”其实就是苏联“飞毛腿 –B”近程地地战术导弹。导弹采用单级液体燃料火箭发动机推进，弹长 11.25 米，弹径 0.88 米，起飞重量 5.9 吨，燃料重 3.7 吨，弹头重 1 吨，装药 860 千克，杀伤半径约 150 米，采用惯性制导，最大射程 300 千米，精度 450 米。

“流星 –2”导弹为苏制“飞毛腿 –C”导弹。伊朗从 20 世纪 80 年代后期陆续引进该型导弹。从外形上看，“流星 –2”与“流星 –1”没有多大区别，但发射重量增至 6.4 吨，最大射程增至 500 千米，主要是通过减少战斗部的重量（装药仅为 700 千克）来增加射程。但圆周概率误差达到 700 米。

“流星 –3”导弹由伊朗萨娜姆工业集团和沙希德 · 哈马特工业集团开始设计研制，1998 年 7 月首次试射，但导弹在 100 秒左右提前爆炸。2002 年，第 4 次试射成功。此后，伊朗决定批量生产 150 枚，并于 2003 年正式装备部队。

“流星 –3”为单级液体中程弹道导弹，最大发射重量 16 吨，配有高爆弹、子母弹、凝固汽油弹等战斗部，弹头重 760 ~ 1158 千克，射程 1350 ~ 1500 千米，可以覆盖整个海湾、中东和中亚地区，可对以色列以及在海湾地区驻扎的所有美军目标造成威胁，目前已成为伊朗军队的“利刃”。

另外，伊朗还计划研制射程为2000千米的“流星-4”型导弹、射程为3000千米的“流星-5”型导弹以及射程为5000～6000千米的“流星-6”弹道导弹。

主要参数（“流星-3”）			
重　　量	1200千克	最大射程	1500千米
弹　　长	16米	命中精度	190米
弹　　径	1.35米	发射方式	机动发射
制导方式	惯性制导	动力系统	单级液体火箭发动机
弹头类型	高爆弹、子母弹、凝固汽油弹		

伊朗“流星-3”型地地战术导弹

三、地地导弹背后的故事

“飞毛腿”海湾搅局

1991 年 1 月 18 日，星期五，凌晨 2 点，以色列电台突然中断了正常广播，要求人们立即戴上防毒面具，进入使用密封条封好的隔离室。几分钟后，以色列首都特拉维夫就传来了两声巨大的爆炸声。

1991 年 1 月 17 日凌晨，海湾战争全面爆发，以美国为首的多国部队打响了对伊拉克的第一枪。海湾战争爆发前，伊拉克总统萨达姆曾警告美国说，如果伊拉克遭到攻击，他将首先使用携带化学武器的“飞毛腿”导弹攻击以色列。

果然，多国部队“沙漠风暴”行动过后不到 24 小时，就有 7 枚“飞毛腿”导弹向以色列的首都特拉维夫、北部海港海法以及萨法德的加利利等地飞去，共造成多座建筑物被破坏、12 人受伤。据当时一位特拉维夫居民说：“地板在剧烈地晃动，我觉得好像进了地狱。”以色列电视台还播放了爆炸现场的画面：一座大楼被炸毁，旁边的街道上堆满了碎砖。

此前，虽然以色列已有所准备，但是“飞毛腿”的来袭给以色列人还是造成了不小的恐慌，原本熙熙攘攘的大街上变得空空荡荡。超市里，一些人疯狂地抢购各种食物，食品架上的牛奶和面包已被“洗劫一空”。

1 月 19 日，伊拉克军队又向特拉维夫发射 3 枚“飞毛腿”导弹，部分建筑物被炸毁，又有 10 人受伤。由于害怕“飞毛腿”装上化学弹头，以色列的男女老少几乎每人的肩头上都挂着一副防毒面具，其中有一名 3 岁小女孩在使用防毒面具时意外死亡，甚至有的人晚上睡觉的时候还带上它。

1 月 20 日，以色列的一名官员说，伊拉克导弹袭击特拉维夫之后，这个城市当天有 30 名婴儿早产，比平时多了一倍。此外，还有许多居民纷纷逃往耶路撒冷，因为他们相信萨达姆不会袭击这个有 15 万巴勒斯坦人居住的城市。

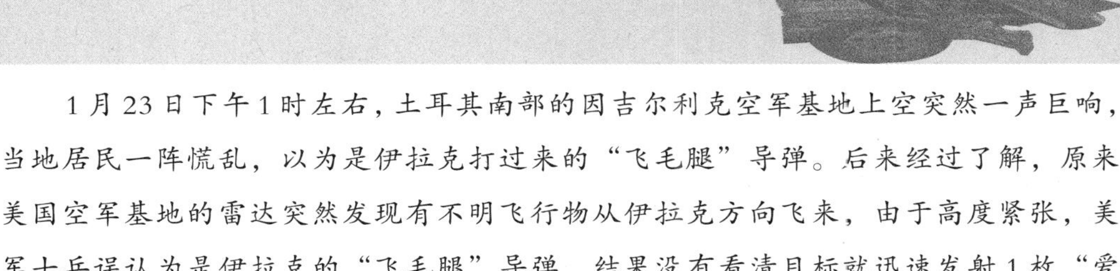

1月23日下午1时左右，土耳其南部的因吉尔利克空军基地上空突然一声巨响，当地居民一阵慌乱，以为是伊拉克打过来的“飞毛腿”导弹。后来经过了解，原来美国空军基地的雷达突然发现有不明飞行物从伊拉克方向飞来，由于高度紧张，美军士兵误认为是伊拉克的“飞毛腿”导弹，结果没有看清目标就迅速发射1枚“爱国者”导弹进行拦截。

过了几秒钟，美军才弄明白，原来是自己的飞机执行完轰炸伊拉克任务后正在返回基地，操作人员赶紧在空中将“爱国者”导弹引爆，才避免了一场误伤事故。

1月23日晚上10时左右，土耳其声称迪亚巴克尔的卫星站接收到伊拉克向阿达纳市发射“飞毛腿”导弹的信号，随即阿达纳城拉响了警报。短短三分钟的时间，大家迅速躲进了地下室，整个大街上空无一人。不过，经过核实是计算机出现错误，其实“飞毛腿”导弹飞向的是以色列。

在此后的数天时间里，“飞毛腿”导弹袭击一直不断。1月26日晚，伊拉克第6次使用“飞毛腿”导弹攻击以色列，其中有4枚飞向海法，另1枚飞向特拉维夫。1月28日，又有1枚“飞毛腿”飞向以色列。

就在战争快要结束的时候，2月25日，1枚“飞毛腿”导弹袭击了沙特阿拉伯宰赫兰的一座美军兵营，共造成28人死亡，100多人受伤。这是伊拉克在整个战争期间给多国部队造成最大的打击。据统计，到战争结束时，伊拉克共发射了88枚“飞毛腿”导弹，其中向以色列发射了42枚，向沙特阿拉伯发射了43枚，向巴林发射了3枚。

第四章　空空导弹

一、空空导弹概述

空空导弹是从飞行器上发射，用来攻击摧毁空中目标的精确制导武器，是现代歼击机上的主要武器之一，也可以作为歼击轰炸机、强击机和直升机的空战武器。此外，从理论上，它也可以作为加油机、预警机等军用飞机的自卫武器。

空空导弹一般由制导装置、战斗部、引信、动力装置、弹体与弹翼等组成，具有反应快、机动性能好、尺寸小、重量轻、使用灵活方便等特点，与机载火力控制、发射装置和测试设备等构成空空导弹武器系统。

（一）空空导弹的历史

空空导弹发展至今已经有半个多世纪的历史。世界上最早的空空导弹是德国 1944 年 4 月研制出的 X–4 型有线制导空空导弹。X–4 采用固体火箭发动机推进，采用无线电指令制导，已经具备了现代空空导弹的典型特征。但由于技术还不成熟，还没来得及投入使用，德国就战败了。

二战结束以后，美国和苏联将德国的技术资料和技术人员接收后，对空

德国研制的 X–4 空空导弹

苏联 K-5M 空空导弹

空导弹进行了研究。1953 年，美国研制的 AIM-9A“响尾蛇”（Sidewinder）空空导弹首次发射试验成功，成为世界上第一种被动式红外线制导空空导弹，也是第一款有击落目标记录的空空导弹。

1956 年，苏联研制的 K-5 型空空导弹投入批量生产。1957 年首次装备“米格 -17”歼击机。西方给这种雷达制导的导弹取名为 AA-1，绰号“碱”。导弹长 1.88 米，弹径 0.178 米，舵翼翼展 0.32 米，弹翼翼展 0.58 米，弹重 82 千克，战斗部重 13 千克，射程 5 ~ 7 千米，最大速度 2 马赫，使用高度 16 千米左右。

纵观空空导弹大家庭，其发展大致经历了以下 4 个时代。1955—1966

年为第一代空空导弹。当时的主要攻击目标是轰炸机，一般采用尾追攻击的战术进行空战，基本上都是近距攻击导弹，因此射程相对较近，大多只有 1.1 ~ 12 千米，最大使用高度 15 千米左右，最大飞行速度 1.7 ~ 2.5 马赫，制导性能普遍较差，目标稍作空中机动，便无法进行“咬尾”攻击。

空空导弹服役后，一些人认为空空导弹主宰空战的时代已经到来，航炮射程近，火力弱，命中率低，而空空导弹只要一发射，便可将敌机击毁。为此，美国和苏联空军开始拆除机载航炮，只挂空空导弹。

然而，20 世纪 60 年代开始的越南战争彻底宣告了“空空导弹万能”的预言破产。在空战中，许多仅挂导弹的美军飞机被越南飞机的航炮击落，而挂载空空导弹的美军战机仅击落数架敌机。以至于有人认为“导弹不如炮弹，空中还靠拼刺刀”。

1966 ~ 1975 年，空空导弹发展到第二个时代。在这一时期的导弹大多数能全天候、全向攻击，最大射程一般为 8 ~ 22 千米，最大使用高度增加到 25 千米，最大飞行速度达到 2 ~ 3 马赫，战斗部重量也增至 11 ~ 70 千克，而且开始使用近炸引信。在制导方式上，虽仍使用红外和雷达制导，但性能已有很大提高。

1975 ~ 1985 年，空空导弹发展为第三代。由于现代轰炸机性能的提高，特别是机载设备的发展，以及适应歼击机之间格斗的需要，产生了新型的第三代空空导弹。这些导弹根据对付的目标不同各有侧重，出现了远距离全高度截击空空导弹、中距空空导弹和近距格斗空空导弹。

从20世纪80年代中期至今，空空导弹进入第四个发展时期。自20世纪80年代以来，空空导弹发展很快，特别是带有红外导引头的近距格斗导弹，在实战中的命中率大大提高，命中率已超过50%。到了20世纪90年代，雷达制导的中距空空导弹有了较大突破；远距拦射导弹采用复合制导，可在距目标100千米以外连续发射数枚，攻击不同方向的数个目标。海湾战争中，中距空空导弹击落的飞机数第一次超过了近距格斗导弹。

（二）空空导弹的种类

1. 根据作战任务，可以分为拦截型和格斗型两种空空导弹。

2. 根据制导方式，可分为红外制导、雷达制导和复合制导型。红外寻的制导是把探测到的目标热辐射变换成电信号，经放大，选频与基准相位信号比较，得到误差信号，形成控制指令。

雷达寻的制导是导弹上的雷达接收目标回波信号，进行计算判断，形成控制信号。这种制导根据雷达发射机的所在位置不同分为主动、半主动两种。主动式的雷达发射机装在导弹上，半主动式的雷达发射机装在载机上。复合制导有两种以上的制导装置，弹道初始段一般采用程序控制或惯性制导等，中段为半主动雷达制导，末段为主动雷达制导。

3. 按射程，可分为远程拦射导弹、中程中距拦射导弹和近程格斗导弹。近距格斗空空导弹的射程3 ~ 5千米，主要特点是机动性能好，导引头截获目标区域大且十分灵敏；最小发射距离只有300 ~ 500米，发射灵活，通常

不必作精确瞄准；主要用于在空中近距交战中攻击对方的战斗机。

中距空空导弹的射程一般在 5 ~ 30 千米，用于对付超低空入侵的战斗机和巡航导弹。其最大特点是射程远、机动性好、具有下射能力，有的还具有全方向、全高度和全天候作战能力。

远距离全高度截击空空导弹具有全向、全高度、全天候攻击能力。一般射程为 30 ~ 50 千米，最大射程达 110 ~ 160 千米，最大飞行速度大于 4.5

F-14A 战斗机上 6 枚“不死鸟”导弹

俄罗斯“苏 -30”战斗机携带的 KS-172 导弹

马赫，采用复合制导。这类导弹既能尾追攻击，又能迎头攻击；既能向上发射，又能向下发射；既能单枚发射攻击单个目标，又能多枚齐射攻击多个不同的目标。如美国“不死鸟”导弹能同时以 6 枚导弹对付 6 个不同的目标。

（三）空空导弹的特点

一是身材小、重量轻。为了顾及自身的机动性和灵活性，还要搭载燃油等负荷，空空导弹不能太重，尺寸不能太大。一般情况下，空空导弹的重量在 50 ~ 200 千克，弹长介于 2 ~ 4 米，弹径在 0.12 ~ 0.4 米。

二是飞行速度快。随着现代飞机的飞行速度不断加快，机动性能不断提

高，作为主要攻击敌方飞机的空空导弹，要实现对敌方飞机进行有效攻击，就必须要有更快的速度和追击能力。因此，与地地导弹、地空导弹、反舰导弹等导弹相比，空空导弹的飞行速度更快、机动性能更好。

（四）空空导弹的未来

一是增大空战射程。随着高性能的超视距雷达等设备出现，新型空空导弹将采用新的动力技术提高射程，以适应超视距打击的需要。

二是扩大攻击范围。传统的空空导弹大多都是进行“咬尾”攻击，但现代战机的机动性越来越好，要求空空导弹要具备“全向发射”能力。即导弹可以向后发射，攻击载机后方目标，或者导弹向前发射后，从载机上部飞过，攻击载机后方目标，也就是通常所说的“越肩发射”等。

三是增强抗扰能力。干扰与反干扰一直是空空导弹发展过程中相互对立又相互促进的两项技术，空空导弹将采取各种方式提高抗干扰能力，比如多模导引这种有效的抗干扰手段就是世界各国研究的重点。

四是提高机动能力。随着推力矢量技术的应用、控制技术的发展和导弹外形的改进，新型空空导弹的机动能力将使飞机一旦被其锁定就很难逃脱。

五是实现复合用途。在预警机等指挥系统提供的正确情报支持下，空空导弹可根据需要选择近程攻击和超视距拦截攻击模式。

二、经典空空导弹

（一）美国 AIM-4“猎鹰”空空导弹

AIM-4“猎鹰”（Falcon）是美国空军研制的第一种空空导弹，也是世界上第一种正式服役的空空导弹。该导弹及其配套使用的机载火控系统均由美国休斯公司研制。

1947 年，导弹编号 AAM-A-2。1951 年，编号改为 F-98。1955 年，改名为 GAR-1。1963 年，采用新的编号，导弹共有 AIM-4、AIM-4A、B、C、D、E、F、G 等型号。

“猎鹰”系列导弹具有相同的气动外形布局和相似的舱段结构。头部呈半球形，弹体呈圆柱形，4 片三角形弹翼及矩形舵面位于弹体后部，弹体、弹翼均采用镁合金制成，后弹体内装有 1 台奥科尔公司生产的固体火箭发动机。

AIM-4 采用半主动雷达制导，重 54 千克，射程 8 千米，配备 1 个重为 3.4 千克的破片战斗部。不过，由于战斗部威力太小，没有配备近炸引信，导弹必须采用直接撞击的办法才能杀伤目标。导弹共生产 4000 枚左右，后来被 AIM-4A 型所取代。与 AIM-4 相比，AIM-4A 拥有更大的控制翼面，弹长 1.98 米，直径 0.163 米，翼展 0.508 米，飞行速度 3 马赫，射程 9.7 千米，共生产 12000 枚。

AIM-4B 重 61 千克，采用红外制导，虽然其性能不尽如人意，但却是

一种“发射后不用管”的武器。AIM-4B 产量不大，很快就被 AIM-4C 所取代。AIM-4B、AIM-4C 弹长增至 2.02 米，战斗部重 61 千克。

1958 年，休斯公司推出“猎鹰”的放大版，称为“超级猎鹰”。其中雷达制导型称为 AIM-4E，后续型称为 AIM-4F，红外制导型称为 AIM-4G。AIM-4E 和 AIM-4F 重 68 千克，AIM-4G 重 66 千克，弹长 2.18 米，直径 0.168 米，翼展 0.61 米，战斗部重 13 千克，飞行速度 4 马赫，最大射程 11.3 千米。该系列导弹共生产 6100 枚导弹，其中 2700 枚为雷达制导型，剩余的为红外制导型，用来取代所有早期型号。

1962 年 9 月，休斯公司对“猎鹰”导弹再次进行设计升级。最后一种服役的导弹则是 AIM-4D。该型导弹于 1963 年服役，不再被当成一种拦截轰炸机的武器，而成为一种名副其实的空战格斗导弹。越南战争中，“猎鹰”导弹共有 5 次击落记录（4 架米格 -17、1 架米格 -21），全部由 AIM-4D 导弹取得。

美国 AIM-4F“猎鹰”空空导弹

主要参数（AIM-4F）	
重　　量	68 千克
弹　　长	2.18 米
弹　　径	0.168 米
翼　　展	0.61 米
最大射程	11.3 千米
飞行速度	4 马赫
弹头类型	高爆弹
制导方式	半主动雷达制导
动力系统	固体火箭发动机

（二）美国 AIM-7“麻雀”空空导弹

AIM-7“麻雀”（Sparrow）是美国研制并装备使用的第二种空空导弹，也是世界上装备使用最为广泛的一个中距空空导弹，由美国斯佩里（Sperry）公司和雷神（Raytheon）公司研制，是唯一由军方主动投资发展的空空导弹。

导弹最初命名为 KAS-1，后改名为 AAM-2，1948 年改为 AAM-N-2，1952 年首次进行空中拦截试验，1956 年开始服役。

早期的“麻雀”导弹结构十分原始，由于当时的雷达波束制导系统和敌我识别系统性能较差，只有当目标进入视线范围内，确认是敌机后才能发射导弹，而且发射时飞行员必须使用暗语“Fox One”来提示友军。

1950 年，道格拉斯公司决定研发带有主动雷达导引头的麻雀导弹，命名为 XAAM-N-2A“麻雀 -2”，最初的“麻雀”导弹则命名为“麻雀 -1”。1952 年，“麻雀 -2”又被命名为 AAM-N-3。1951 年，雷神公司决定研制雷达半主动制导的麻雀导弹 AAM-N-6“麻雀 -3”导弹。

1958 年，第一批“麻雀 -3”进入美国海军服役。1963 年，美军统一武器装备编号后，命名为 AIM-7，并沿用至今。因此，“麻雀 -1”命名为 AIM-7A，“麻雀 -2”命名为 AIM-7B。其中，AIM-7A 弹重 148 千克，弹长 3.8 米，弹径 203.2 毫米，翼展 0.7 米，装有 1 台固体火箭发动机，飞行速度 2.8 马赫，射程 8 千米，用于攻击飞行速度 1 马赫以上的轰炸机。

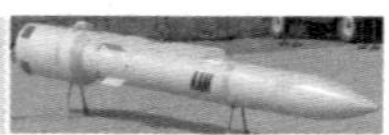

AIM-7B 重 160 千克，弹长 3.66 米，弹径 203.2 毫米，翼展 1.0 米，飞行速度 2.8 马赫，射程 12 千米。AIM-7C 重 173 千克，弹长 3.66 米，弹径 203.2 毫米，翼展 1.2 米，采用半主动雷达制导，飞行速度 3 马赫，射程 13 千米。AIM-7D 与 AIM-7C 外形很相似，不过弹重增至 178 千克，弹长增至 3.7 米，射程 15 千米，具备一定的全天候、全向攻击能力。

1963 年 AIM-7E 导弹投产，1964 年装备部队，1972 年停产。AIM-7E 弹重 204 千克，弹长 3.65 米，弹径 203.2 毫米，翼展 1.1 米，飞行速度 3 马赫，射程 26 千米。1969 年，AIM-7E 的改进型 AIM-7E2 投入越南战争。AIM-7E2 与 AIM-7E 相似，战斗部重约 32 千克。

1976 年，雷神公司开始研制 AIM-7F，1977 年投产，1981 年停产。AIM-7F 可选用半主动连续波雷达制导和脉冲多普勒制导两种方式，低空性能更好，中距和近距格斗能力更强，已经具备全天候、全向攻击能力。弹重 227 千克，弹长 3.66 米，弹径 203.2 毫米，翼展 1.1 米，采用双推力固体发动机，飞行速度 4 马赫，最小射程 305 米，最大射程 46.7 千米（雷达制导）、61 千米（多普勒制导）。

1981 年，AIM-7F 的改进型 AIM-7M 投产。AIM-7M 具有下视下射能力，可全向进行攻击，用于拦截战斗机、轰炸机和巡航导弹。其舰上型称为 RIM-7M“海麻雀”。AIM-7M 是“麻雀”导弹的最后一个量产型，其后被 AIM-120 所取代。

美国 AIM-7“麻雀”空空导弹

主要参数（AIM-7M）	
重　　量	231 千克
弹　　长	3.66 米
弹　　径	0.2032 米
翼　　展	1.1 米
最大射程	45 千米
飞行速度	3.5 马赫
弹头类型	高爆弹
制导方式	多普勒雷达制导
动力系统	固体火箭发动机

（三）美国“响尾蛇”AIM-9空空导弹

“响尾蛇”（Sidewinder）是世界上第一款以红外线作为引导方式设计的空空导弹，也是世界上第一款实用化的空对空导弹，同时也是第一款有击落目标记录的空空导弹。1958年台湾海峡空战中，国民党空军F-86战斗机使用“响尾蛇”导弹曾击落中国人民解放军多架米格战斗机。

“响尾蛇”导弹由美国海军空用武器中心所研发，研制计划最早可追溯到1943年。1949年研制工作全面启动，原型编号AIM-9A，海军编号AAM-N-7，空军编号GAR-8，1953年9月试射成功，1956年开始服役。

“响尾蛇”导弹共有AIM-9A、AIM-9B、AIM-9C、AIM-9D、AIM-9G、AIM-9H、AIM-9E、AIM-9J、AIM-9N、AIM-9P、AIM-9L、AIM-9M、AIM-9X等多种型号，生产数量共计12000多枚。

“响尾蛇”导弹由制导控制舱、引信与战斗部、动力装置、弹翼和舵面等部分构成，由福特航宇公司和雷神公司两个主制造商制造，可拆卸部件不超过24个，制导装置只有7个电子管，相当于1台普通电子管收音机。

导弹采用鸭式气动布局，弹体为圆柱形，后尾翼和弹首处的三角形控制翼均采用十字形布局，配备普通装药的破片杀伤战斗部，采用红外线寻的制导，可以昼夜使用，不受电子干扰的影响，具有“发射后不用管”的能力。

AIM-9A 原型弹没有生产，AIM-9B 为首批量产型。该弹重 70 千克，弹长 2.83 米，翼展 0.56 米，直径 0.127 米，装有 1 台固体火箭发动机，飞行速度 1.7 马赫，射程 4.8 千米，战斗部重 4.5 千克，有效杀伤范围 9 米，装有红外近炸引信和触发引信两种引信，当导弹接近目标时通过接收目标的红外辐射信号，以非触发式引爆战斗部，如引信未启动，导弹飞行 25 ~ 26 秒后自行引爆。

AIM-9C 是“响尾蛇”导弹大家族中的另类，采用半主动雷达。AIM-9D 重 88 千克，弹长 2.87 米，翼展 0.63 米，战斗部重 11 千克，通过对导弹外形、导向装置及飞控系统改进后，飞行速度 2.5 马赫，AIM-9D 追踪目标的能力达到每秒 12 度，射程提高至 18 千米。

1971 年，美国空军与海军决定共同开发 AIM-9L，使得 AIM-9L 成为 AIM-9 家族中第一种具备全方位攻击能力的红外线导引导弹，并且还可以区分出热焰干扰弹与敌机机身发出的红外线辐射差别。1982 年，AIM-9L 的改进型 AIM-9M 开始生产。该弹长 2.85 米，翼展 0.63 米，重 86 千克，最大飞行速度 2.5 马赫，弹头重 9.4 千克，最大射程 18 千米。

2003 年，“响尾蛇”导弹的最新型 AIM-9X 正式服役。该型导弹延续 AIM-9M 的固态推进火箭与弹头，配合全新设计的红外线影像寻标头与导引系统，能够有效弥补 AIM-9M 的大离轴发射能力、反红外诱饵弹能力以及动力学及机动能力方面的缺陷，并具有反舰作战能力，据称“一旦被它锁定就无法摆脱”。

主要参数 (AIM-9X)	
重　　量	85 千克
弹　　长	3.02 米
弹　　径	0.127 米
翼　　展	0.28 米
最大射程	40 千米
飞行速度	3 马赫
弹头类型	高爆弹
制导方式	红外制导
动力系统	固体火箭发动机

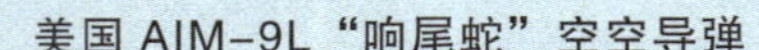

美国 AIM-9L“响尾蛇”空空导弹

（四）美国 AIM-54“不死鸟”空空导弹

“不死鸟”（Phoenix）是美国海军研制并装备使用的第一个远距空空导弹，也是战后世界上最先服役的一种超音速远距空空导弹。导弹由美国休斯公司研制，代号 AIM-54，具有射程远、威力大、发射后不用管以及同时攻击多个目标的能力。

导弹共有 AIM-54A、AIM-54B、AIM-54C 等型号，于 1962 年开始研制，1971 年投产，1974 年装备，1980 年停产，2004 年退役，生产数量 2580 枚，主要装备在 F-14、 F-111 战斗机上，用于攻击来袭的超音速轰炸机和巡航导弹，控制空域和保卫舰队安全。

其中，AIM-54A 重 453 千克，弹长 4.01 米，直径 0.381 米，翼展 0.925 米，装有 1 台固体火箭发动机，战斗部重 60 千克，飞行高度 24800 米，飞行速度 4.3 马赫，射程 130 千米。AIM-54B 为试验型号，设计工作始于 1972 年 1 月，并没有投入生产。

AIM-54C 于 1977 年开始研制，1982 年开始生产，1986 年具备作战能力。AIM-54C 导弹配备了全新的数字制导和控制部分，采用了可编程数字信号处理器，以及捷联式惯性导航系统，大大提高了抗干扰能力。导弹装有 1 台固体火箭发动机，战斗部重 60 千克，飞行高度 30500 米，最小射程 3.6 千米，最大射程 150 千米。

“不死鸟”导弹采用正常式气动外形布局，与早期研制的“猎鹰”空空导弹相似，从外形上看基本上就是“猎鹰”的放大版。该弹可综合运用连续数据半主动制导、采样数据半主动制导、主动制导和对干扰源寻的 4 种制导方式；作战过程中，可采取边跟踪边扫描发射、单目标跟踪发射、空战机动主动发射等方式；配合飞机上的火控系统，可同时跟踪攻击 6 个目标。与其他空空导弹相比，“不死鸟”是美军空空导弹家族中的“大块头”。AIM-54 体型相当庞大，F-14 战斗机最多只能携带 6 枚。

主要参数（AIM-5C）			
重　　量	462 千克	飞行速度	5 马赫
弹　　长	4.01 米	弹头类型	高爆弹
弹　　径	0.381 米	制导方式	惯性 + 主动雷达制导
翼　　展	0.925 米	动力系统	固体火箭发动机
最大射程	150 千米		

美国 AIM-54“不死鸟”空空导弹

（五）美国 AIM-120 中距空空导弹

AIM-120 空空导弹，也称为先进中距空空导弹（Advanced Medium Air-to-Air Missile），简称 AMRAAM，一般音译为“阿姆拉姆”，是美国研制并装备使用的第四代先进中距空空导弹，也是当今世界上最先服役、具有“发射后不管”和多目标攻击能力的中距空空导弹。

AIM-120 主要由休斯公司和雷神公司制造，研制工作始于 1975 年，1979 年年初进入验证阶段，1981 年全面展开，1985 年试射，1991 年首先进入美国空军服役，1993 年进入美国海军服役。共有 AIM-120A、AIM-120B、AIM-120C、AIM-120D 等多种型号，并销往澳大利亚、德国、瑞典、以色列、意大利、日本、韩国、泰国、土耳其、英国和中国台湾等国家和地区。

导弹采用惯性中制导和脉冲多普勒主动雷达末制导相结合的复合制导，具有“发射后不用管”和多目标攻击能力，可以同时识别和攻击 6 ~ 8 个目标。远距离拦截时，导弹采用两段制导方式；近距离空战时，无需雷达锁定目标即可直接发射，发射后会立即启动主动雷达引导攻击。

AIM-120A 重 157 千克，弹长 3.66 米，弹径 0.178 米，翼展 0.533 米，战斗部重 23 千克，采用二级固体火箭发动机，采用惯性制导 + 指令修正制导 + 主动雷达末制导，飞行速度 4 马赫，射程 50 ~ 70 千米，具有“发射后不用管”和多目标攻击能力。

AIM-120B 型为 A 型的改进型，采用更先进的数据处理器。C 型是专为美国第四代战斗机 F-22 改制的空空导弹。通过对弹头、火箭发动机和近炸引信改进，便于 F-22 内部挂架携带，并具有对付巡航导弹的能力。该弹最大射程 100 千米，最小射程 0.8 千米，最大过载 40g。1 架 F-22 可挂 4 枚 A 型导弹或 6 枚 C 型导弹。

AIM-120D 主要改进之处在于，采用双向数据链，以取代仅具有接收信息功能的单向数据链，从而使导弹发射后可以向载机发回它的状态信息。具备这种能力的好处是可以增强导弹的“大离轴角”交战能力，意味着导弹可以打击载机后面的目标。

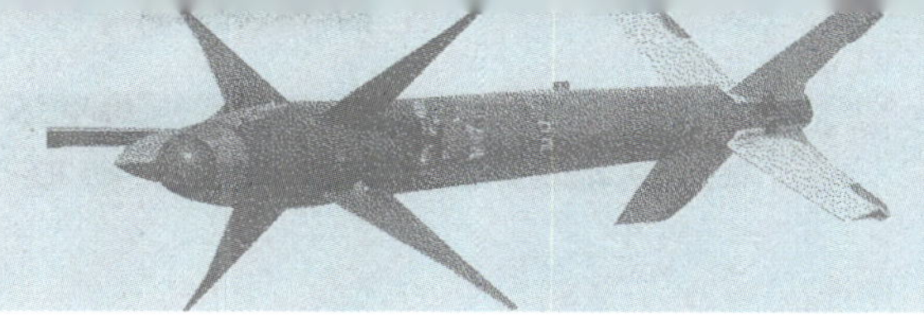

主要参数（AIM-120C）			
重　　量	152 千克	飞行速度	4 马赫
弹　　长	3.66 米	弹头类型	高爆弹
弹　　径	0.183 米	制导方式	主动雷达制导
翼　　展	0.447 米	动力系统	固体火箭发动机
最大射程	100 千米		

美国 AIM-120 空空导弹

（六）俄罗斯 R-73 “射手” 空空导弹

R-73 是苏联 20 世纪 70 年代中后期发展的第四代近程导弹，也是世界上第一种能够离轴发射，且搭配头盔瞄准具达到“可视即可射”的导弹。导弹由苏联“三角旗”导弹设计局研制，北约编号 AA-11，绰号“射手”（Archer）。

导弹研制工作始于 1974 年，1985 年定型服役，共有 R-73K、R-73L、R-73E、R-73LE 等基本型以及 R-73M1、R-73M2 等改进型。

R-73K 为最早的苏联空军自用量产型，采用无线电引信，后被装有激光引信的 R-73L 取代。R-73E、R-73LE 分别是 R-73K 与 R-73L 的外销型。

R-73 基本型弹长 2.9 米、翼展 0.51 米，弹径 0.17 米，发射重量 105 千克，弹头重 7.3 千克，最小射程 300 米，最大射程 20 千米，红外制导头探测距离 10 ~ 15 千米，发射前视野 ±45 度，射后 ±60 度，从制导头锁定目标到发射只需 1 秒。

R-73M1 为 R-73 基本型的改进型，其尺寸、制导头视野与基本型相同，射程 30 千米。R-73M2 又称 R-73M，弹长增至 3.2 米，翼展缩至 0.404 米，重量增至 115 千克，初期采用惯性导航，中途采用无线电修正，末端采用红外制导，射程 40 千米。

R-73M2 具有强大的“离轴发射”能力，即载机无需将机头对准敌机，就能以偏离机身纵轴线很大的角度发射导弹。R-73M2 具有惊人的掉转 180 度攻击后方目标的能力。载机首先通过数据链引导导弹转向，待完成敌我识别，确认不会误击友机后再启动制导头，向后射击最大射程 8 ~ 12 千米，最小射程 1 千米。

主要参数（R-73M2）			
重　　量	115 千克	飞行速度	2.5 马赫
弹　　长	3.2 米	弹头类型	高爆弹
弹　　径	0.17 米	制导方式	红外制导
翼　　展	0.404 米	动力系统	固体火箭发动机
最大射程	40 千米		

俄罗斯 R-73“射手”空空导弹

（七）俄罗斯 R-77“蝰蛇”空空导弹

R-77 是俄罗斯自行研制的第四代先进中程空空导弹，由三角旗设计局研制，编号 K-77，北约代号 AA-12，绰号“蝰蛇”，用以抗衡美国 AIM-120 空空导弹。导弹于 1982 年开始研制，1992 年小批量生产，1994 年投入批量生产并进入部队服役。

R-77 共有 R-77、R-77M、R-77RVV-AE 等型号。导弹共由 5 部分构成：第一部分是雷达搜索系统；第二部分是激光引信、接触传感器和 1 个自动驾驶仪；第三部分是带有保险丝的弹头，爆炸半径 7 米；第四部分是固体推进器发动机；最后一个部分是安装在尾部的控制面传动装置前面的加热电源。

导弹采用正常式气动布局，弹翼为 4 片小展弦比的细长边条翼。首次在空空导弹上采用栅格式尾翼，取代传统的空气动力控制舵面。每片栅格式尾翼尺寸为 250 毫米 ×100 毫米，内有相互交叉、两组各 5 个的翼片，与前面相应的 4 片弹翼呈 45 度和 135 度。

这种栅格式尾翼的好处是：可减轻尾翼重量，减少大迎角机动飞行时的气流分离并降低飞行阻力，增大气动升力和控制力矩、降低舵机能源，提高低速飞行时的稳定性和高速飞行时的机动性。此外，栅格式尾翼可折叠，适于在弹舱内部悬挂，从而减少载机飞行时的雷达反射截面，提高隐身性能。

R-77 携带 1 个重 21 千克破片杀伤型战斗部，采用一级推力火箭发动机，

最小射程 300 米，最大射程约 80 千米，迎头攻击最大射程 60 千米，尾追攻击最大射程 20 千米。

导弹采用惯性制导 + 指令修正制导 + 主动雷达末制导，头部装有主动雷达导引头，雷达有效作用距离约 20 千米，在这一距离内发射，导弹可以“发射后不用管”。若目标超过 20 千米，导弹首先采用指令控制，然后进行主动雷达制导。

R-77RVV-AE 为出口型，最大射程增至 100 千米。R-77M 为 R-77 的增程型，重 185 千克，弹长比基本型 R-77 略长，采用二级推力火箭发动机，比基本型 R-77 导弹重 10 千克，射程达 150 千米。俄军方称其性能优于美国的 AIM-120，具有“发射后不用管”和多目标攻击能力。

俄罗斯 R-77“蝰蛇”空空导弹（右侧）

主要参数（R-77）	
重　　量	175 千克
弹　　长	3.6 米
弹　　径	0.2 米
翼　　展	0.4 米（前）
最大射程	80 千米
飞行速度	4 马赫
弹头类型	高爆弹
制导方式	惯性 + 主动雷达制导
动力系统	固体火箭发动机

（八）俄罗斯 KS-172 空空导弹

KS-172 是俄罗斯自行研制的超远程空空导弹，由诺瓦图尔设计局（也译为革新家设计局）研制，设计代号 KS-172，设计局内部代号为 KLPD-TT，北约代号 K-100，主要装备“苏 -30”等重型战斗机。

KS-172 的研制工作始于 20 世纪 80 年代末，主要目的是为了打击北约空中指挥平台。导弹外形简洁修长，采用锥形弹头，弹体后段装有 4 片与法国“米卡”导弹类似的固定式狭长弹翼，翼展非常小，另外在后面助推冲压发动机段外部装有 4 个控制舵面，与西方中远程空空导弹的简单气动布局非常相似。

KS-172 导弹是第二种配备主动雷达导引头的俄制远程空空导弹，弹头装有多功能多普勒主动雷达导引头，导弹发射后先以惯性制导 + 数据链修正导引，其数据链的最大信息传送距离约 250 千米（配合 A-50 预警机），导弹在距离目标 30 千米范围进入终端导引阶段，以主动雷达导引头锁定目标（最大主动导向距离可达 90 千米），能精确锁定约 5 平方米的目标，可攻击 3 ~ 30000 米高度内以 4000 千米时速飞行的目标，具备全向位、全天候和“发射后不用管”的作战能力。

KS-172 导弹配备 22 千克重的杆状高爆预置破片弹头，通过主动激光近炸引信起爆，弹头杀伤效果比传统弹头要大得多，并且导弹尺寸巨大，重量惊人，足以击毁大型飞机、直升机甚至巡航导弹等目标，即使是“苏 -30”和“苏

-35”这类的大型战斗机也只能在机腹中线挂架上勉强挂载 1 枚 KS-172。

由于 KS-172 的射程接近于预警机的雷达探测距离，其射程并没有超过国际导弹管理条约对出口导弹的射程上限，而且也不属于大规模杀伤性武器范畴，因此，可对敌方的空中预警机构成致命威胁，将是俄罗斯夺取空中作战制信息权的利器。

主要参数			
重　　量	748 千克	飞行速度	3 马赫
弹　　长	6.01 米	弹头类型	高爆弹
弹　　径	0.4 米	制导方式	雷达制导
翼　　展	0.9 米	动力系统	固体火箭发动机
最大射程	300 千米		

俄罗斯 KS-172 空空导弹

（九）法国R550“魔术”空空导弹

“魔术”（Magic）是法国20世纪60年代中后期自行研制的第一种红外制导空空导弹，是一种专门用于中低空近距格斗的空空导弹，其基本设计参考了AIM-9“响尾蛇”导弹，由法国马特拉公司研制，代号R550。

1966年，马特拉公司自筹经费开始研发一种可以和美国“响尾蛇”导弹竞争的产品。1968年，法国空军对这一项研究计划表示兴趣并拨款给予协助。1970年年底生产出样弹。1972年1月，在朗德试验中心开始对导弹进行各种发射试验。1973年，由“幻影-3”战斗机首次试射。1974年开始生产交付。1975年开始服役。1985年停产，共生产8188枚。

“魔术”导弹共有“魔术-1”和“魔术-2”两个型号，可装备“幻影”系列战斗机和“美洲虎”“超军旗”、米格-21等战斗机上。其中，“魔术-1”导弹长2.72米，直径0.157米，翼展0.66米，重90千克，战斗部重12.5千克，采用高爆破片弹头设计，最小射程300米，最大射程6千米，有效射程3千米。

“魔术-2”是“魔术-1”导弹的改进型，1978年开始研制，1983年2月首次试射，1985年服役。战斗部重13千克，采用多元红外导引头和新式固体火箭发动机，射程0.5～10千米，配备高能炸药破片战斗部，具有自主发射、昼夜作战和全向攻击能力。

该弹采用双鸭式气动外形布局，4 片固定式三角形前翼位于导弹头部，其后为 4 片活动式前段梯形 / 后段三角形组成的舵面，4 片后掠梯形旋转式弹翼位于导弹尾部，各翼面和舵面呈十字形配置并位于同一平面。

该弹虽然在设计概念上参考了“响尾蛇”导弹，但总体性能略优于 AIM-9L。战斗部装药 4 千克，破片数 900 块，飞散角很小，有效杀伤半径 10 米。载机在高度 9 千米以上和以下发射导弹时的最大过载分别为 5 ~ 7g 和 3g，导弹横向过载达到 35g，离轴发射角达到 ±35 度，均超过美国的“响尾蛇”空空导弹。

该弹于 1986 年开始外销，先后出口到阿根廷、巴西、印度、伊拉克、科威特、巴基斯坦、南非、西班牙、比利时等 18 个国家和地区。

主要参数（魔术 -2）			
重　　量	89 千克	飞行速度	3 马赫
弹　　长	2.75 米	弹头类型	高爆弹
弹　　径	0.157 米	制导方式	红外制导
翼　　展	0.66 米	动力系统	固体火箭发动机
最大射程	10 千米		

法国 R550“魔术”空空导弹（右）、super530 导弹（左）

（十）以色列“怪蛇”空空导弹

“怪蛇”（Python）是以色列拉斐尔公司在“蜻蜓 2”（Rafael Shafrir，也有的译为谢里夫）的基础上改进发展而成的近距红外型空空导弹。该型导弹共有“怪蛇 –3”“怪蛇 –4”“怪蛇 –5”等型号。

1978 年，继成功研制“谢里夫 –1”和“谢里夫 –2”后，根据这两种导弹在实战中取得的作战经验，拉斐尔公司开始研制新一代空空导弹，命名为“谢里夫 –3”。但由于该弹的性能已经远超过“谢里夫 –2”，遂将该弹命名为“怪蛇 –3”。1981 年 6 月，“怪蛇 –3”在巴黎博览会上首次露面。1982 年，在以色列入侵黎巴嫩战争中首次参战。

“怪蛇 –3”长 2.95 米，弹径 0.16 米，重 120 千克，杆状杀伤型战斗部重 11 千克，内装 9 千克高爆炸药，导弹最大机动过载 40 克，具有 30 度

主要参数（怪蛇 -5）			
重　　量	103.6 千克	飞行速度	4 马赫
弹　　长	3.096 米	弹头类型	高爆弹
弹　　径	0.16 米	制导方式	红外制导
翼　　展	0.64 米	动力系统	固体火箭发动机
最大射程	30 千米		

以色列“怪蛇”空空导弹

离轴发射能力，最大飞行速度 3.5 马赫，高空最大射程 15 千米，低空最大射程 5 千米，最小射程 0.5 千米。导弹具有多种作战模式，其导引头能够和雷达、头盔瞄准具随动，可用来对付高空飞行的固定翼战斗机以及低空飞行的直升机，总体性能优于 AIM-9L。

“怪蛇 -4”是以色列空军装备的第四代空空导弹，1992 年研制成功，1993 年服役，1995 年在巴黎航展上为外人所知。导弹长 2.95 米，弹径 0.16 米，重 103.6 千克，弹上总共有 18 个气动控制舵面，采用与“怪蛇 -3”相同的双速固体火箭发动机，导弹发射后 4 秒钟内可加速至 2 马赫，格斗型最大射程 15 千米，拦截型达 40 千米左右，离轴发射能力 ±60 度。

该弹配备的多重全向红外导引头，包括了从紫外线到红外线的所有频谱。因此，不仅可以轻松过滤掉目标所处背景发出的干扰波，还可以滤掉对方发射的红外干扰弹所发出的杂波。其作战性能在 AIM-9X 没有问世的时候，一直处于领先地位。

“怪蛇 -5”属于第五代空空导弹，该弹于 1997 年年末开始研制，2002 年年中进行试射，2005 年服役。导弹装备有与“怪蛇 -4”相同的发动机，离轴视角达 100 度，具有向后发射能力， 其作战性能优于 AIM-9X。

三、空空导弹背后的故事

锡德拉湾空战

1981年8月18日，由美国海军第六舰队派出的“尼米兹”号航空母舰战斗群，以“军事演习”为名，浩浩荡荡地向利比亚锡德拉湾驶来。此次演习，政治色彩十分明显，目的非常明确，美国就是要通过炫耀武力向利比亚施加压力。

美军到达锡德拉湾后，利比亚立即起飞战机，按照以往的路线进行巡逻，而当进入演习区域时，便遭到美军航空母舰飞机的驱赶。得知自己的飞机被驱赶后，卡扎菲发誓，一定要让美国人尝尝自己的厉害！

8月19日清晨，在演习海域上空执行警戒任务的美国E-2C“鹰眼”预警机，突然发现从锡德拉湾的利比亚空军基地，起飞了2架“苏-22”战斗机，向美军演习海域径直飞来。

E-2C捕捉到这一敌情后，迅速将情况通知给了2架在空中执行巡逻任务的F-14“雄猫”战斗机。接到通报后，F-14迅速调整航向，向利比亚飞机迎面飞去。带队的是美空军中校克利曼，他认为这不过是例行公事，只需要警告利比亚飞机不要靠近就行了。

然而，出乎他们意料的是，一场激烈的空中导弹战正在等待着他们。F-14和“苏-22”空中相遇后，美军飞机示意利比亚飞机离开。就当克利曼中校驾驶F-14向左转弯时，发现紧追上来的利比亚飞机的机翼下火光一闪，一枚红外制导的“环礁”空空导弹向他猛扑过来。克利曼立即操纵飞机急转，5倍的重力加速度把他紧压在座椅上，飞机躲开了导弹。

这时，克利曼正好转到了另一架利比亚战斗机的后面。这架“苏-22”顿觉大事不妙，想溜之大吉。可是克利曼头盔的耳机内已经响起一串音响信号，导弹已锁定利比亚飞机的尾部热源。

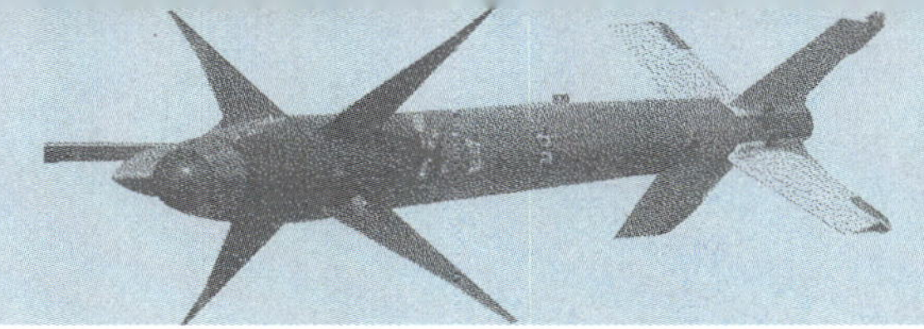

克利曼迅速按下按钮，只见一团火光，导弹击中了目标。利比亚飞行员感到飞机猛烈震动，失去平衡，知道自己飞机已被导弹击中，于是急忙按下跳伞按钮，弹出机舱。

差不多与此同时，刚才发射“环礁”导弹的利比亚飞机也被另一枚“响尾蛇”导弹击中，只见飞机裹着浓烟，翻滚着向大海坠去。整个空战不到 1 分钟就结束了。利比亚 2 架飞机就被 2 枚“响尾蛇”空空导弹击落。

说起“响尾蛇”导弹，这里还有一段故事。本来，响尾蛇是一种毒性很强的蛇。它游动的时候，尾部的鳞片会因为摩擦而发出响声，“响尾”之名便由此得来。科学家们曾做过一个有趣的实验，把响尾蛇头部的感觉器官全部“包”住，只留出眼与鼻孔之间的“颊窝”。这时，再把用黑纸包着的灯泡对着它，不通电时，响尾蛇一动不动；一通电，灯泡发热了，响尾蛇便马上惊觉，如果把灯泡向它靠近，它就会凶猛地向灯泡发起攻击。

科学家们进而又把响尾蛇的颊窝神经分离出来，用气味、光照、音响、振荡等各种办法刺激它，但响尾蛇的颊窝神经毫无反应，但是一旦把发热的东西或人的手凑上去时，连接着颊窝神经的仪表上立即会显示出生物电流。这一切说明响尾蛇的神经能感知温度变化，它的颊窝是一个热测量器。

这一生物学上的发现给导弹专家带来了灵感。于是，他们根据响尾蛇的红外敏感特性寻找攻击目标的原理，设计制造出了一种用红外制导的新式导弹。凑巧的是，正在这时，研制这种导弹的美国海军武器研究中心附近发现了响尾蛇。于是研究人员就将他们所研制的导弹命名为“响尾蛇”。

第五章　空地导弹

一、空地导弹概述

空地导弹，也称空对地导弹或空对面导弹，是指从航空器上发射攻击地面或水面目标的导弹。空地导弹与航空炸弹、航空火箭弹等武器相比，目标毁伤概率高，机动性强，隐蔽性好，可从敌方防空武器射程以外发射，能减少地面防空火力对载机的威胁，是现代战略轰炸机、歼击轰炸机、强击机、武装直升机以及反潜巡逻机的主要攻击武器。

（一）空地导弹的历史

空地导弹最初是航空火箭与航空制导炸弹相结合而诞生的。德国首先研制出世界第一枚空地导弹，它的主要设计者是赫伯特·瓦格纳博士。1940年7月，瓦格纳等人在S-500型普通炸弹的基础上，研制出装有弹翼、尾翼、指令传输线和制导装置的HS-283A-0，可称为世界上最早的空地导弹。该弹于1940年12月7日发射试验成功。

1943年7月，无线电遥控的HS-293A-1型导弹研制成功。8月27日，德国飞机发射HS-293A-1击沉了美国“白鹭”号护卫舰，这是世界上首次用导弹击沉敌舰，该弹也是最早的空舰导弹。

第二次世界大战结束以后，随着地空导弹等防空兵器的使用和发展，为了有效地攻击目标和减少对载机的威胁，美、英、法、苏联等国先后研制出多种空地导弹。20世纪50年代后，空地导弹有了更为迅速的发展，在此后的多次局部战争中，空地导弹取得了显著战绩。

从技术发展角度来看，空地导弹大致经历了三代。20世纪50年代末期~60年代初为第一代。这一时期，空地导弹一般体积都比较大，速度不快，较为笨重，命中精度也较低，突防能力差，通常情况下，1架载机只能携带1枚或2枚导弹。导弹生产和装备量不大，现已基本退出现役。比如美国的“大猎犬”AGM-28、苏联的AS-5、英国的“蓝剑”等。

第二代一般是指在20世纪60年代中期开始研制，70年代初开始装备使用的空地导弹。这一代的空地导弹摆脱了机型结构的束缚，与第一代相比，体积和重量大大减小，最大速度达到了3马赫左右，突防能力也有所增强，仍采用惯性制导，远距离作战命中率不高。如美国的“近程攻击导弹”AGM-69A、苏联的AS-6等。

第三代是指在70年代开始研制，80年代以后列装的空地导弹。其中一类为亚音速导弹，具有体积小、重量轻、飞行高度低、精度高、射程远等特点，如美国的AGM-86B、苏联的AS-15。另一类为超音速导弹，除具有体积小、重量轻、精度高等特点外，还具有地形跟踪和半弹道式飞行弹道等多种突防能力，如法国的“中程空地导弹”（ASMP）等。

（二）空地导弹的种类

1. 按作战使用区分，有战略空地导弹、战术空地导弹和多用途空地导弹。

2. 按飞行轨迹区分，有弹道式空地导弹和机载巡航导弹。

3. 按射程区分，有近程、中程、远程空地导弹。

4. 按用途区分，有反舰导弹（空舰导弹）、反雷达导弹、反坦克导弹、反潜导弹（空潜导弹）及多用途导弹。

（三）空地导弹的特点

一是毁伤率高。空地导弹与航空炸弹、航空火箭弹等武器相比，具有较高的目标毁伤概率，机动性强，隐蔽性好，能从敌方防空武器射程以外发射，可减少地面防空火力对载机的威胁。

二是射程远。空地导弹与其他对地攻击导弹相比，一个十分明显的特点就是航程比同类其他导弹要远。这是因为空地导弹可以借载机的初速，只需要很少的能量就能达到巡航速度，绝大部分燃料都用于巡航，因此航程相对较远；舰射或陆射导弹则不同，有相当一部分能量被用来从零速度加速到巡航速度，从而用于巡航的燃料相对较少，因此航程相对就要短一些。一般情况下，同类型的导弹，空射型射程一般比舰射型远 1/3 ~ 1/2。

AGM-65 导弹击毁 M-48 坦克试验

F-16发射AGM-154联合防区外武器

（四）空地导弹的未来

一是射程将进一步增大，实现防区外发射。未来作战中，空袭飞机将面临现代防空武器密集而强大火力的威胁，因此，除了提高飞机自身的性能外，还要求增加空地导弹的射程，使飞机能在敌防空火力范围之外发射空地导弹实施攻击。

二是通过隐身、高速等措施提高突防能力。现代防空武器特别是防空导弹既能对付飞机，又能拦截战术弹道导弹、巡航导弹和空地导弹。因此，空地导弹特别是远程空地导弹，面临着防空火力的拦截问题。为此，采用隐身技术将是提高空地导弹突防能力的有效途径。

三是实现制导精确化，提高摧毁能力。为了适应信息化战争精确打击的要求，各国都投入大量人力、物力和财力发展新型的制导技术，以提高空地

英国“蓝剑”空对地核导弹

导弹的精确打击能力，使其能够精确命中目标，将对方摧毁。

四是发展子母弹药，提高战斗部威力。除了提高精确制导能力以外，为了更好地打击目标，空地导弹还将配备子母弹的战斗部，从而使 1 枚导弹就可以摧毁多个目标，进而可以有效地对付集群目标。

二、经典空地导弹

（一）美国 AGM-130 空地导弹

AGM-130 是美国空军装备的一种在防空火力范围外发射的空地导弹。该弹在 GBU-15 炸弹的基础上改进而成，由美国罗克韦尔公司研制，主要用来攻击地面严密设防的固定目标，如桥梁、机场、指挥中心、地空导弹等。

AGM-130 导弹的研制过程几经波折。大规模发展合同于 1984 年底签订，1985 年底进行首次飞行试验。但由于最初技术以及资金问题，研制工作断断续续。1989 年 11 月，美国空军 1 架 F-111 战斗机在第 6 次试验中导弹直接命中目标。1990 年 5 月开始投产。1993 年完成研制，开始服役。

导弹共有 AGM-130A、AGM-130B、AGM-130C、AGM-130D、AGM-130E 等型号。从某种意义上讲，AGM-130 空地导弹实际就是加装了动力装置的制导炸弹，与 GBU-15 制导炸弹相比，主要区别在于前者增加了 1 台火箭发动机和雷达高度表。

导弹采用模块化舱段结构，从前至后共分为导引头舱、战斗部舱、控制舱、发动机舱 4 个舱段。其中，AGM-130A、AGM-130B、AGM-130C、AGM-130D 导引头舱内装有电视或红外成像导引头，AGM-130E 型装有电视 / 红外成像双模导引头，AGM-130E 的改进型内部装有主动毫米波雷达导引头。

AGM-130 的战斗部舱内装有 MK-84 普通炸弹、BLU-109 穿甲炸弹。其中，MK-84 为爆炸破片战斗部，重 907 千克，命中精度达 1 米，可用来

攻击常规建筑物、防空武器、飞机或雷达阵地。BLU-109 为深埋目标贯穿战斗部，可穿彻 1 米多厚的加固混凝土结构，用于攻击加固机库、指挥和控制中心以及其他加固目标。

美国 AGM-130A 空地导弹

主要参数（AGM-130A）	
重　　量	1323 千克
弹　　长	3.92 米
弹　　径	0.46 米
翼　　展	1.50 米
最大射程	65 千米
飞行速度	1 马赫
弹头类型	普通炸弹、穿甲弹
制导方式	电视制导
动力系统	固体火箭发动机

（二）美国 AGM-12“小斗犬”空地导弹

“小斗犬”（Bullpup）是美军早期装备使用的第一代战术空地导弹，编号 AGM-12。该弹由洛克希德·马丁公司研制，研制需求始于朝鲜战争，1954 年马丁公司作为主要承包商中标。

该弹共有 AGM-12A、AGM-12B、AGM-12C、AGM-12D、AGM-12E 等型号。其中，AGM-12A、AGM-12B、AGM-12E 型统称为“小斗犬 -A”型，AGM-12C、AGM-12D 型统称为“小斗犬 -B”型。各型导弹在尺寸、弹径、战斗部等方面均有差别，但布局形式一样，制导与控制方式也相同，均为目视跟踪无线电指令制导。

首个型号 AGM-12A，于 1958 年中期投产，1959 年 4 月进入美国海军服役，1960 年停产。AGM-12A 重 258 千克，弹长 3.2 米，弹径 0.305 米，翼展 0.94 米。采用目视跟踪、无线电指令制导，尾部的 2 个曳光管用于导弹的跟踪和控制。导弹只能在白天正常气象条件下使用，命中精度有时偏差 200 ~ 300 米。1964 年，该弹首次投入越南战场，但由于受无线电指令制导体制的限制，载机仍然容易遭到攻击，使用效果并不理想。

AGM-12A 战斗部重 113 千克，内装烈性炸药，威力相当于 250 千克的普通炸弹，弹坑直径 10 米，能穿透 25 毫米厚的钢板和 150 毫米厚的水泥墙。AGM-12B 战斗部重 110 千克，内装高爆炸药。AGM-12C 战斗部重 440 千克。AGM-12D 配备 W-45 核战斗部，TNT 当量 100 ~ 1500 吨级。AGM-12E 采用子母式战斗部，用以杀伤人员和破坏器材。

除 AGM-12A 采用固体火箭发动机外，其他各型均采用预包装液体火箭发动机。其中，AGM-12A 最大射程 14.8 千米，其余最大射程 18.5 千米。“小斗犬”导弹于 1965 年停产，共生产 68750 枚。

美国 AGM-12“小斗犬 -B”空地导弹

主要参数（AGM-12C）			
重　　量	810 千克	飞行速度	1.8 马赫
弹　　长	4.14 米	弹头类型	高爆弹
弹　　径	0.46 米	制导方式	无线电制导
翼　　展	1.22 米	动力系统	液体火箭发动机
最大射程	16 千米		

（三）美国AGM-62“白星眼”空地导弹

“白星眼”（Walleye）是美国海军20世纪60年代初期研制的一种电视制导导弹，编号AGM-62A。该弹由美国海军武器中心研制，由马丁·玛丽埃塔公司（现洛克希德·马丁公司的一部分）生产。

“白星眼”是美国海军武器中心研制的第一种精确制导空地导弹。该弹于1963年1月首次发射。1967年进入美国海军服役。同年，美国空军也订购一批“白星眼”导弹。

“白星眼”本质上是一种滑翔炸弹，共有“白星眼-Ⅰ”“白星眼-Ⅰ ERDL”“白星眼-Ⅱ”“白星眼-Ⅱ ERDL”等型号。导弹弹体为圆柱形，4片小展弦比切尖三角翼在弹体中后部呈X形布置，弹翼后缘装有控制面。头部导引头舱内装有电视摄像机，中部战斗部舱内装直列空心装药战斗部和引信。由于采用的是FMU-94/B触发引信或FMU-125/B近炸触

主要参数（白星眼-Ⅱ）			
重　　量	1060 千克	飞行速度	0.9 马赫
弹　　长	4.04 米	弹头类型	MK-84 炸弹
弹　　径	0.457 米	制导方式	电视制导
翼　　展	1.3 米	动力系统	无动力滑翔方式
最大射程	45 千米		

美国 AGM-62“白星眼”空地导弹（右）

发引信，只有直接命中目标才能发挥杀伤威力。导弹尾部还有一个螺旋桨，可以带动发电机为弹上设备供电。

“白星眼－Ⅰ”在MK-83炸弹的基础上改进而成，在MK-83炸弹上装有电视导引头、一组气动控制面和一种装在弹尾的数据传输装置。导弹长3.45米，直径0.318米，翼展1.15米，飞行速度0.9马赫，发射高度500～9000米，射程9千米，命中精度3～4.5米，弹重510千克，战斗部重374千克。由于该型导弹战斗部较小，对桥梁和电厂等坚固或大型高价值目标破坏作用不大。

“白星眼－Ⅱ”采用MK-84战斗部，发射高度500～9000米，命中精度3～4.5米，战斗部重900千克，1974年1月正式装备美国海军。由于早期“白星眼”导弹发射前必须精确锁定目标，载机在敌方火力面前暴露时间较长。后来，美国海军改进出“白星眼－Ⅰ ERDL”和“白星眼－Ⅱ ERDL”型（ERDL意为“增程数据链”），1975年投产。此外，通过增大弹径，“白星眼－Ⅰ ERDL”射程提高至30千米，“白星眼－Ⅱ ERDL”提高至60千米。

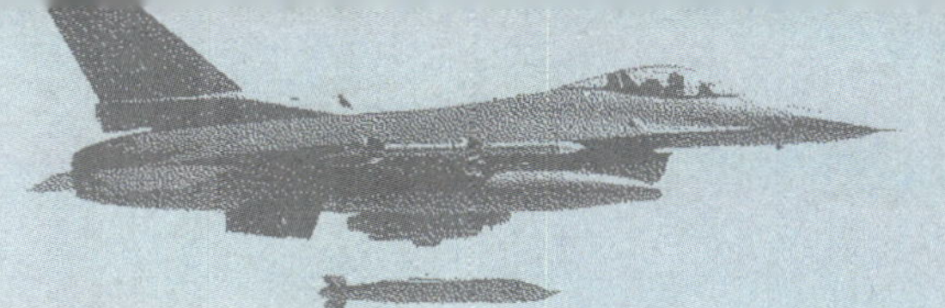

（四）美国AGM-65“小牛”空地导弹

“小牛”（Maverick）导弹，又译为“幼畜”导弹，是美国研制的一种战术空地导弹，编号AGM-65，由美国休斯公司和雷神公司共同研制，主要用于攻击坦克、装甲车、导弹发射场、炮兵阵地、海上舰船等地面和水面目标。

该弹共有AGM-65A、AGM-65B、AGM-65C、AGM-65D、AGM-65E、AGM-65F、AGM-65G、AGM-65H等型号。其中，AGM-65E、AGM-65F主要装备美国海军，其余装备美国空军，一般战斗机可以携带6枚导弹。

AGM-65A于1965年开始研制，1972年装备部队。装有1台双推力固体火箭发动机，最小射程0.6千米，最大射程27千米，战斗部重56.25千克，内装39千克聚能高爆炸药，采用瞬发引信，电视制导，单发命中概率85%。

AGM-65B于1974年完成飞行试验，采用图像放大电视制导，攻击精度进一步提高。AGM-65A、AGM-65B在作战时，需要驾驶员截获目标后，开启导弹摄像机并锁定目标，然后发射，导弹发射后载机可自由机动。

AGM-65C于1975年7月开始全尺寸工程发展，1978年空军放弃采购C型导弹，1982年完成E型导弹试验，1983年投入生产。AGM-65C、AGM-65E重286千克，战斗部重56.25千克，采用激光制导，导弹需要利用空中或地面激光器照射和指示目标，才能实施攻击。

AGM-65D、F、G 于 1975 年末完成预研，1986 年开始大量生产。AGM-65D 发射重量 218.25 千克，战斗部重 56.25 千克；AGM-65F、AGM-65G 发射重量 301.50 千克，战斗部重 135 千克，配有延时引穿甲弹。

AGM-65D、AGM-65F、AGM-65G 采用红外图像制导，红外导引头可感受微小的温差，对已停止工作几小时的热源目标和非热源目标有良好的发现和跟踪能力，对隐蔽和伪装的目标也有良好的识别能力。导弹靠自身导引头捕捉目标，具有“发射后不用管”的能力。

AGM-65H 在 F/G 型基础上改装而成，采用主动毫米波雷达制导，1991 年开始试射，具有昼夜、全天候作战、“发射后不用管”、攻击固定 / 活动目标以及多目标攻击能力。

美国 AGM-65“小牛”空地导弹

主要参数（AGM-65A）			
重　　量	209 千克	飞行速度	1 马赫
弹　　长	2.49 米	弹头类型	高爆弹
弹　　径	0.305 米	制导方式	电视制导
翼　　展	0.719 米	动力系统	固体火箭发动机
最大射程	27 千米		

（五）俄罗斯 AS-4 空地导弹

AS-4 是苏联 20 世纪 60 年代装备使用的大型空地导弹。苏联代号 K-22，绰号“风暴”（Burya），海军、空军使用代号分别为 X-22、Kh-22；北约代号 AS-4，绰号“厨房”（Kitchen）。该弹由“彩虹”机械制造设计局研制，主要装备“图 -16”“图 -22”“图 -95”等轰炸机，用来打击敌人重要的战略目标和大型水面目标。

该弹于 1958 年 6 月 17 日开始设计；1961 年 6 月 1 日，由“图 -22”轰炸机搭载进行首次试飞；1961 年 7 月，首次在莫斯科航空展览会上露面；1962 年，投入批量生产；1964 年服役，首先装备“图 -22B”轰炸机，1975 年开始装备“图 -95”轰炸机。

该弹共有 AS-4A、AS-4B 两种型号。其中，AS-4A 使用高度 10000 ~ 12000 米，配有 1 个核战斗部，相当于 50 万吨 TNT 当量，采用非触发引信，主要用来打击敌人的重要的战略目标。

主要参数（AS-4A）			
重　　量	5820 千克	飞行速度	4.6 马赫
弹　　长	11.65 米	弹头类型	核弹头
弹　　径	0.92 米	制导方式	惯性 + 被动雷达制导
翼　　展	3 米	动力系统	液体火箭发动机
最大射程	600 千米		

挂于图 22M3 翼下的俄罗斯 AS-4“风暴”空地导弹

AS-4B 采用惯性制导 + 主动雷达，装有 1 台液体火箭发动机，飞行速度 4.6 马赫，使用高度 10000 ~ 12000 米，配有 1 个常规战斗部，战斗部重 1000 千克，采用触发引信，射程 600 千米，主要用来打击航空母舰及其编队等大型水面目标。

该弹采用飞机式弹体结构和外形布局，头部呈尖形，内装末制导雷达天线。弹体呈圆柱形，切梢三角形大弹翼位于弹体中部，切梢三角形水平 / 垂直安定面位于弹体后部，后者带有方向舵，在弹体后部下方稍后处装有 1 个切梢三角形垂直安定面，以提高机动飞行时的稳定性。

AS-4（Kh-22）是苏联早期自行研制并装备部队使用的大型超音速巡航导弹，是苏联早期具有很高威慑能力的战略空地攻击武器，其重量和体积位居苏联众多空地导弹的第二位，仅次于 AS-3（X-20），但最初“图 -22”只能携带 1 枚，后来经改进后“图 -22”M2 可搭载 3 枚。

（六）俄罗斯 AS-10 空地导弹

AS-10 是苏联自行研制并装备部队使用的第二代通用战术空地导弹。该弹由“星星”机械制造设计局研制，苏联代号 K-25，海军、空军使用代号分别为 X-25、Kh-25，西方和北约编号 AS-10，绰号“克伦”（Karen）。

该弹于 20 世纪 60 年代末、70 年代初开始研制，1974 年开始服役，用于取代第一代通用战术近距空地导弹 AS-7（X-23、Kh-23）“克里牛”。该弹在设计思想和战术使用上，与美国的 AGM-65“幼畜”导弹相同。

该弹共有无线电指令型 X-25MR（Kh-25MR）、半主动激光型 X-25ML（Kh-25ML）、被动雷达型 X-25MP（Kh-25MP）、电视型 X-25MT（Kh-25MT）、红外线成像型 X-25MTL（Kh-25MTL）等多种型号。

Kh-25 采用与 Kh-23 系列导弹相同的鸭式气动布局，头部有 4 片切梢三角形小舵面，尾部有 4 片切梢三角形大弹翼及其后缘的 4 片方向舵，在尾翼稍后的弹体两侧各有一个发动机尾喷口，尾翼后部弹体内装有接收载机制导控制指令的接收机。

该弹采用模块化结构设计，在基本型 X-25 基础上，发展出多种改进型，重点是采用不同类型的导引头，全弹其他舱段结构基本保持不变，各型导弹的尺寸、重量和导引头外形有所差别。其中，雷达制导型呈尖锥形，激光、电视、红外制导型为半球形。

其中，Kh-25MR 弹长 3.83 米，弹径 0.275 米，重 320 千克，战斗部重 140 千克，采用无线指令制导，射程 10 千米。

Kh-25ML 弹长 3.705 米，重 299 千克，战斗部重 90 千克，射程 10 千米。Kh-25MP 弹长 4.194 米，重 315 千克，战斗部重 90 千克，射程 40 千米。

该导弹系列中的电视型 X-25MT 为电视自控导弹，在发射前必须使导引头的电视摄像机锁定目标，其发射方式和制导原理与美国在 20 世纪 60 年代越南战场上使用过的“白星眼”制导炸弹相同。

俄罗斯 Kh-25ML 空地导弹

主要参数（Kh-25MR）			
重　　量	320 千克	飞行速度	870 米 / 秒
弹　　长	3.83 米	弹头类型	高爆炸药
弹　　径	0.275 米	制导方式	无线电指令制导
翼　　展	0.82 米	动力系统	固体火箭发动机
最大射程	10 千米		

（七）俄罗斯 AS-14 空地导弹

AS-14 是苏联装备的第三代短程空地导弹。该弹最初由“闪电”设计局研制，从 1981 年开始由三角旗机械制造设计局研制，编号为 K-29，苏联海军、空军使用代号分别为 X-29、Kh-29。北约编号 AS-14，绰号“小锚”。

该弹于 20 世纪 70 年代开始研制，1980 年开始服役。导弹采用模块化舱段设计，在基本型 X-29 的基础上发展出多种改进型，主要有半主动激光制导型 Kh-29L、电视制导型 Kh-29T 和 Kh-29TE、主动雷达制导型 Kh-29MP、红外成像制导型 Kh-29D。

各型导弹除导引头舱段不同，以及导引头的外部形状和小翼面的形状各不相同外，全弹其他舱段结构基本保持不变。其中，半主动激光型导引头舱段呈圆锥形，弹体为圆柱形，小翼面呈切梢三角形；电视型导引头舱段呈半球形，弹体为圆柱形，小翼面呈矩形。

Kh-29L 重 660 千克，采用半主动激光制导，由机载目标照射器或地面目标激动指定器指示目标，战斗部重 317 千克，装有触发引信，使用高度 200 ~ 5000 米，最大射程 10 千米。Kh-29T 重 685 千克，战斗部重 320 千克，采用电视制导，最大射程 12 千米。

Kh-29TE 在 Kh-29T 基础上发展而成，重 690 千克，采用电视制导，最大射程增加至 30 千米。Kh-29D 在 Kh-29T 基础上改进而成，装有红外成像导引头，具有全天候作战和“发射后不用管”的能力，导弹发射时不需要载机进行全程导控。

主要参数（Kh-29L）			
重　　量	660 千克	飞行速度	1260 千米 / 小时
弹　　长	3.875 米	弹头类型	爆破杀伤弹
宽　　度	0.38 米	制导方式	半主动激光制导
翼　　展	1.1 米	动力系统	固体火箭发动机
最大射程	10 千米		

俄罗斯 Kh-29L 空地导弹

（八）俄罗斯 AS-16 空地导弹

AS-16 是苏联研制的第四代中程空地巡航导弹。该弹由位于杜布纳的彩虹机械制造设计局研制，设计代号 RKV-15，苏联空军和海军使用代号分别为 Kh-15、X-15，西方和北约代号 AS-16，绰号“反冲”（Kickback）。

Kh-15 导弹是苏联第一种使用固体燃料火箭发动机推进的大型空地巡航导弹，该弹于 20 世纪 80 年代初期开始研制，1988 年开始服役，主要装备“图-22M”“图-95”“图-160”各型轰炸机。其中，图-22M“逆火”轰炸机的机腹弹舱内的转膛式发射装置可携带 6 枚，机翼下挂载 4 枚，共带弹 10 枚。图-160“海盗旗”战略轰炸机可携带 10 多枚。

该弹曾长期处于保密状态，直到 1988 年美国国防部长参观俄罗斯库宾卡空军基地时，才在“图-160”战略轰炸机上看到这种导弹。空军型 Kh-15，主要用于执行近程常规或核打击任务。战斗部装有 250 千克高能炸药或 350 吨当量核装药，使用高度 40 千米。

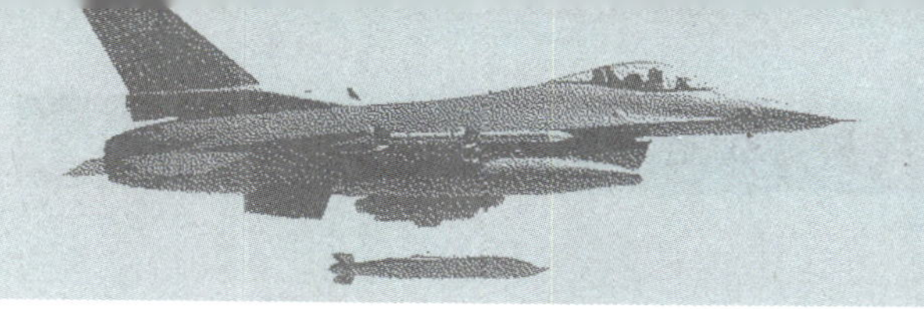

主要参数（Kh-15）			
重　量	1200 千克	飞行速度	5 马赫
弹　长	4.78 米	弹头类型	核 / 常规弹
弹　径	0.455 米	制导方式	惯性制导
翼　展	0.92 米	动力系统	固体火箭发动机
最大射程	300 千米		

俄罗斯 Kh-15 空地导弹

X-15反舰型，主要用于攻击大型水面舰艇。弹长4.78米，弹径0.455米，翼展0.92米，弹重1200千克，战斗部重150千克，配有爆破穿甲弹，装有1台固体火箭发动机，最大飞行速度5马赫，使用高度20～40千米，射程100～150千米。

X-15与Kh-15的主要区别在于，Kh-15采用的是惯性制导，X-15在惯性制导的基础上加装有主动雷达末制导，精度更高。该系列导弹发射后，可快速爬升至40千米的高度，尔后采取大角度俯冲，飞行速度高达5马赫，威力极大，令对方难于拦截。

Kh-15导弹外形如铁钉状，弹头呈锥形，采取无弹翼设计，主要由流线型弹体提供飞行升力，但使用了3个小型尾翼，尾部垂直舵面和2个水平舵面提供飞行控制。该弹无论外形和性能都与美国AGM-69空地导弹几乎一模一样，西方媒体称该弹不折不扣地“借鉴”了美国的技术，甚至戏称其为“SRAM斯基”。

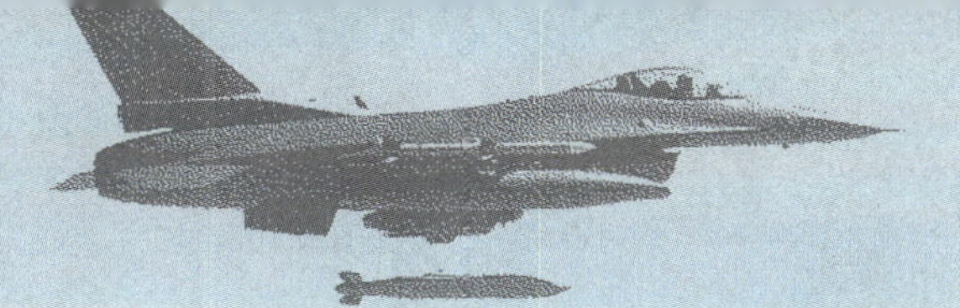

（九）以色列“突眼”空地导弹

“突眼”（Ropeye）是以色列空军装备使用的防区外通用战术空地导弹，由以色列拉斐尔公司生产，研制工作始于20世纪80年代初，1989年开始投产并进入以色列空军服役。

1990年，美国以“哈夫纳普”（Have Nap）空地导弹项目名义，由美国空军完成对“突眼”导弹的鉴定试射。在美国，“突眼”导弹由洛克希德·马丁公司生产，编号AGM-142。

从20世纪90年代初期开始，该弹在“突眼”基本型（AGM-142）的基础上又进行了多次改进，共有“突眼-1”“突眼-2”“突眼-3”3个主要型号。其中，“突眼-1”重1360千克，装有1台两级推力固体火箭发动机，战斗部重340千克，配有爆破/半穿甲爆破弹，装有触发延时引信和近炸引信，采用惯性制导+指令修正中制导。

“突眼-2”重1115千克，弹长4.0米，弹径0.533米，翼展1.73米，装有1台两级推力固体火箭发动机，战斗部重340千克，配有爆破/半穿甲爆破弹，装有触发延时引信和近炸引信，采用电视或红外成像末制导，飞行速度0.73马赫，最大射程75千米。“突眼-3”装有远射程发动机，最大射程可达200千米。

该弹采用独特的正常式气动外形布局，2片鸭式稳定小前翼位于头部两

REMOVE BEFORE FLIGHT
DO NOT COVER BEFORE GROUNDING
AGM -142 POPEYE
KULLANILDIĞI UÇAK TİPLERİ : F-4/2020
GÖREV TİPİ : HAVA - YER
TESİRLERİ : PARÇA TESİRİ
GÜDUM SİSTEMİ : ELEKTRO OPTİK İNFRARED

以色列“突眼”空地导弹

主要参数（突眼 -1）			
重　量	1360 千克	飞行速度	0.73 马赫
弹　长	4.82 米	弹头类型	爆破和半穿甲爆破弹
弹　径	0.533 米	制导方式	惯性加指令修正中制导
翼　展	1.98 米	动力系统	固体火箭发动机
最大射程	80 千米		

侧水平面，4 片前缘后掠切梢三角形稳定弹翼位于弹体中部稍后处，4 片前缘后掠切梢三角形控制舵面位于弹体尾部。弹翼和尾舵呈 X 形配置，处于同一平面，鸭式前翼处于水平面。

“突眼”的弹体头部带半圆形玻璃整流罩，两侧各有 1 个内装各舱段电气连接导线的长边条，尾部在发动机喷管下方装有供后视数据链使用的雷达天线整流罩。弹体内部采用模块化舱段结构，从前至后依次为前舱、制导控制舱、战斗部舱、发动机舱和尾舱。

（十）德国和瑞典“金牛座”空地导弹

“金牛座”（KEPD）是德国和瑞典联合研制的一种防区外空地导弹。该弹由德国导弹系统公司和瑞典博福斯动力公司组成的金牛座系统股份有限公司研制，在瑞典DW-39布撒器的基础上改进而成，用来装备德国“狂风”、瑞典JAS-39“鹰狮”、西班牙F/A-18战斗机。

1998年3月31日，签署研制合同。1998年，进行首次飞行试验。2007年年底，德国向西班牙交付2枚“金牛座”导弹。该弹共有KEPD-350（单一战斗部）、KEPD-350A（布撒器）、KEPD-150（空射型）、KEPD-150SLM（舰射型）。

KEPD-350翼展展开时2.1米，折叠时0.9米，标准射程350千米，最大射程超过500千米。KEPD-350A重1090千克；KEPD-150重980～1060千克；KEPD-150SLM重1160千克，最大射程270千米。

“金牛座”导弹采用隐身设计，非轴对称气动布局，截面为相互成直角的矩形，弹体本身就是一个升力体，弹身中部有2个可折叠弹翼，弹翼只有在崎岖地形上空飞行和跃升时才展开，尾部有4个控制舵面，头部为楔形，装有平面光学整流罩，具有阻力小、隐身效果好等优点，这种气动布局可以使导弹具有较高的升阻比，有助于提高导弹的射程。

导弹采用二轴稳定方式，装有俯仰、偏航2个转动轴。导弹根据当前的

框架角和导弹捷联惯导采用的惯性测量装置输出的信息，对导引头视线进行稳定。与大多数导弹所采用的三轴稳定方式相比，由于减少了一个角速度陀螺和相关部件，结构比较简单，体积小，重量轻，可靠性高，具有很大的成本优势。

在中制导阶段，该弹最大特点是创造性地使用了“基于图像的导航”方式。这种方式通过将导引头拍摄到的图像和导弹上预存的寻航点的卫星图片进行匹配，可计算出导弹相对于导航点的位置。这种方式较好地克服了惯性制导射程较远、误差较大，GPS 信号容易受到干扰，地形匹配制导对匹配区地形要求高、航路规划复杂，在城市地区几乎完全失效等问题。

在末制导阶段，该弹采用线条图匹配的方式，可以自动捕获目标。在地面上，飞行员只需要从卫星图片中提取出公路、建筑、河流等的线条图；升空后，当导弹接近预定攻击目标时，通过对导引头拍摄的图像和预存的目标图像进行匹配，导引头就可对目标进行跟踪。如果目标进行伪装，还可以通过跟踪目标附近的一个参考物体，计算出相互之间的相对位置关系，尔后控制导弹对所要攻击的目标实施打击。

该弹可根据需要选择空炸、俯冲、跃升、垂直攻击 4 种方式。弹上配有串列式爆破杀伤 / 侵彻战斗部，重 490 千克，由两部分装药组成。第一部分装药由一个光电引信启动，首先完成对混凝土等目标的穿孔任务，贯穿混凝土厚度为 3.4 ~ 6.1 米，贯穿土层厚度为 6.1 ~ 9.1 米。第二部分装药为主装药，由可编程智能多用途引信引爆，在目标内部爆炸。采用的可编程智能多用途引信可以感知战斗部穿透的楼层数，根据预先编定的程序，设置爆炸时机。

德国和瑞典"金牛座"空地导弹（绿色）

主要参数（KEPD-350）	
重　　量	1400 千克
弹　　长	5.1 米
弹　　径	1.08 米
翼　　展	2.064 米
最大射程	500 千米
飞行速度	0.8 马赫
弹头类型	爆破杀伤 / 侵彻弹
制导方式	惯性 /GPS/ 地形匹配 / 图像制导
动力系统	涡喷发动机

三、空地导弹背后的故事

（一）轰炸清化大桥

清化大桥，坐落在清化市以北不到3千米处的马江上，是连接越南南北的重要交通动脉。该桥最早由入侵越南的法国人建造，后来遭到破坏。1957年，在中国技术人员的援建下，北越开始重建清化大桥。

经过7年努力，该桥于1964年竣工，胡志明主席亲自主持了大桥的落成仪式。新建成的清化大桥，长500米，宽11米，桥身距江面25米，轨距为1米的单轨铁道铺在桥面中间，两侧各为水泥桥面的左右行车道。美军认为，炸毁这座桥就可以瘫痪河内至越南南方的铁路交通，使北方支援南方成为泡影。为此，美军不惜代价，开始了对清化大桥的大规模突击。

越南战争爆发后不久，美军便出动B-52轰炸机对清化大桥进行空袭，企图切断越南南北交通，孤立南方人民军力量。但是由于B-52轰炸精度实在太差，空袭并没有对大桥造成太大的损伤，经过短暂的修复之后，大桥又投入了正常使用。

1965年4月3日中午时分，执行“滚雷”战役计划的美军空中突击部队向清化大桥飞去。这支突击部队由79架多机种飞机组成，其中包括46架F-105、21架F-100、2架RF-101和10架KC-135加油机。其中，担负攻击任务的46架F-105中有16架各携带2枚“小斗犬”式空地导弹，另外30架各带8枚普通炸弹。

经过空中加油后，所有参战飞机于下午2时准时到达目标上空。地面上北越的高射炮开火了，天空中绽开了无数深褐色烟团，担负掩护任务的机群迅速散开，向高炮阵地射出了密集的火箭弹。

见此情景，F-105迅速扑向清化大桥。一枚一枚“小斗犬”朝大桥飞了过去。然而令他们想不到的是，第1个携带“小斗犬”导弹的F-105小队在里斯奈尔中校率领下趁此机会从南面扑过来，虽然这32枚导弹全部命中目标，但清化大桥在硝烟中屹立不动，如同猎枪打坦克一般！

携带炸弹的F-105飞机又纷纷俯冲下来，有些飞行员甚至在1000米的高度上才把8枚炸弹连续投下，但因地面风大，大部分炸弹偏离目标，虽然有几枚炸弹直接命中桥上的公路和上层结构，大桥依然安然无恙。

第二天下午，美军48架F-105全部挂装8枚750磅级普通炸弹再次来袭。飞机冒着越军猛烈的炮火不顾一切地抵近投弹。结果，有300余枚炸弹命中目标，大桥布满弹痕，烟薰火燎，东面一节桥身已向下弯曲。然而，大桥仍然挺立在马江之上。

至1965年5月中旬，美国空军一共炸毁了越南北方的26座桥梁，但是唯独这座清化大桥仍然屹立在那里。从1965年5月底—1967年年初，美国空军又对清化大桥实施过多次突击，甚至用运输机投放水雷炸过桥，但仍然没有炸毁它。

1967年3月12日，第212舰载攻击机中队的3架A -4攻击机从航空母舰甲板上弹出，它们各挂载了1枚“白星眼”导弹。在目标区上空，3架A-4攻击机按“灵巧炸弹”的投掷要领，以500千米的时速向大桥俯冲。

冒着北越高射炮的枪林弹雨，前2架A-4攻击机顺利地找到了瞄准点，投下了“白星眼”。只见巨大的“白星眼”准确地向瞄准点飞去，几秒钟过后，飞行座舱显示屏上的清化大桥被一片白雾所替代，2枚炸弹几乎同时命中。

紧接着，第3架A-4攻击机的飞行员也找到了瞄准点，并操纵“白星眼”飞向目标。3枚“白星眼”全部命中目标，每个弹着点距离均在5米之内，大桥受到重创，但预计3天之后仍可恢复通行。

为了彻底摧毁清化大桥，美军搬上了最新研制的“宝石路”激光制导炸弹。1969年3月的一天，4架F-105在6架F-4战斗机的掩护下，再次攻击清化大桥。这次F-105投放了4枚宝石路GBU-12激光制导炸弹，其中两枚直接命中桥墩，将大桥炸为两截，大桥才几乎被摧毁。

（二）小牛翻身

20 世纪 70 年代初，美军两次入侵柬埔寨均告失败，试图把印度支那半岛截成两半的“兰山 -719”作战计划也遭遇破产。美军感到其中一个重要的原因就是空中打击力量还不够强大，从而战争才变得更加被动。因此，美军加大了空地导弹的研发，于是第二代空地导弹陆续亮相。

美国首先研制的是“秃鹰 AGM-53A”。该弹采用程序 + 电视制导，虽然精度不错，但成本太高，因此，生产计划受挫，仅造了 215 枚，还没投入实战使用，就停止了生产。之后，物美价廉的 AGM-65“小牛”（又称“幼畜”）导弹研制成功，其性能与“秃鹰”十分相近，用途更加广泛，效费比高，具有很大的诱惑力。

1972 年，AGM-65A 装备部队不久后，便投放到越南战争。但是，“小牛”导弹一上战场就遇到了麻烦。越南大多数地区为热带雨林气候，此外，美军为了破坏由柬埔寨通往越南的“胡志明小道”，投放了大量能够制造暴雨的催化弹，从而导致这一地区阴雨不断、水雾连天。

这种恶劣的环境，严重影响了“小牛”导弹的电视制导效果，从而使得导弹在战争中几乎毫无用武之地。直到越南战争结束，“小牛”导弹始终默默无闻，没有取得任何骄人的战绩。

1973 年，“小牛”终于有了扬眉吐气的机会。1973 年 10 月 6 日，埃及、叙利亚经过周密准备之后，向以色列发动突然袭击，第四次中东战争全面爆发。交战地区为典型的热带沙漠气候，全年高温少雨，气候干燥，这为“小牛”导弹提供了绝佳的条件。

10 月 14 日，“小牛”导弹首次出现在西奈前线，以色列空军采取四机编队甚至双机编队的方式，从埃及坦克集群的翼侧发起低空攻击，先后发射 58 枚“小牛”导弹，击毁埃及坦克 52 辆。

10 月 15 日，以色列在西奈方向成功击退了叙军的进攻，叙军的一个坦克旅遭到“小牛”导弹攻击后，溃不成军。

特别是在对叙利亚的战略轰炸中，“小牛”导弹先后攻击了大马士革市内的叙军国防部、空军司令部、广播电台、发电厂和机场等目标，以及其他一些地区的发电厂、炼油厂、储油设施、港口、通信设施和海军司令部等重要目标，致使叙利亚遭到了巨大破坏。

不仅如此，以军对大马士革的空袭还对前线作战的叙利亚士兵的心理产生了严重影响，一些士兵争相请假，想回到家里看一看情况。迫于无奈，时任叙利亚总统阿萨德想出了一招，他下令：凡是在戈兰前线诚诚恳恳尽其职责的人，终身可领取每月约 80 马克的薪金，本人及其孩子还可以免费享受各种教育。这种待遇在当时具有非常大的诱惑力，从而使得叙军的军心总算是得到了一定的稳定。

第六章　防空导弹

一、防空导弹概述

防空导弹，也称面对空导弹，是指由地面、舰船或者潜艇发射，拦截空中目标的导弹。由于大多数空中目标飞行速度快、机动能力强，因此，绝大多数防空导弹为轴对称布局的有翼导弹；动力装置多采用固体火箭发动机，也有部分采用液体火箭发动机、冲压式空气喷气发动机和火箭冲压发动机。

（一）防空导弹的历史

第一次世界大战期间，飞机开始用于侦察、通信以及执行对地攻击、轰炸任务。为了拦截敌方飞机，许多国家建立了专门的防空指挥机构、对空观测组织，并相继组建了战斗机、高炮、探照灯、拦阻气球等防空部队。

第二次世界大战前，有些国家在发展高炮的同时，已把注意力转向火箭和导弹的研究与试验，特别是1937年英国研制雷达成功并投入使用，极大地推动了防空武器的发展。1937年，德国制订了一个极为秘密的计划，开始研究导弹。

二战后期，德国在大量使用V-1、V-2导弹攻击盟国的同时，为对付英、美轰炸机群，进行了比高炮打得更高更远的防空导弹的研究试验，主要有“龙胆草”“莱茵女儿”“蝴蝶”和“瀑布”等型号。虽然这些导弹都进入研制的后期，但由于纳粹德国战败，而未能投入使用。

二战结束以后，德国人对防空导弹的最初探索试验很快就被美国和苏联获取，成为了美苏研制防空导弹的重要基础，从而两国拉开了有计划的研究和试制防空导弹的帷幕。美国由陆军和海军分别负责地空导弹和舰空导弹的发展，相继研制出“波马克”“奈基”“黄铜骑士”等防空导弹。

1968年6月，美国“长滩”号巡洋舰在北部湾海域，向正在105千米以外天空飞行的越南歼击机2次发射“黄铜骑士”导弹，击落2架越机，这

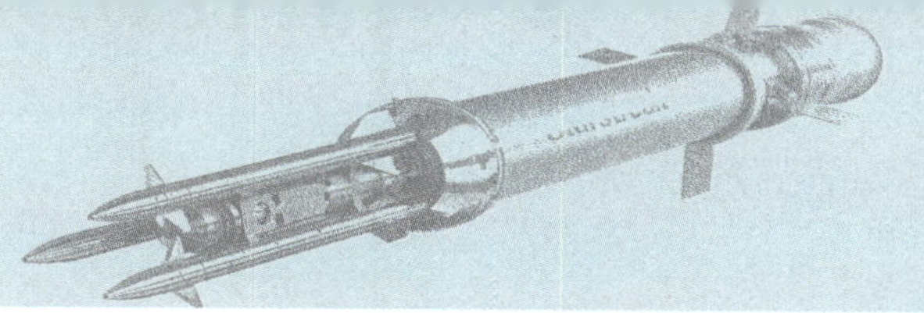

是首次从军舰发射导弹击落飞机的战例。

苏联由国家统一负责防空导弹的发展，相继研制出 SA-1（萨姆 -1）、SA-2、SA-5 等防空导弹。这一时期，英国也加入研制行列，研制出“警犬”防空导弹。

20 世纪 50 年代后期研制的防空导弹大多为中高空、中远程防空导弹，这一时期的防空导弹大多采用无线电指令制导技术，制导方式单一，抗干扰能力差，只能对付单个低速空中目标。主发动机是液体火箭发动机或冲压喷气发动机，导弹体积大，系统复杂，机动性差，使用维护复杂。

空袭与防空始终是一对矛盾。随着防空导弹的大量应用，飞机开始向“两

美国“奈基”防空导弹

美国舰载型“黄铜骑士”防空导弹

头”发展，一是增大飞行高度，向高空发展；二是降低高度，朝低空和超低空发展。于是20世纪60年代出现了能对付中低空、中远程和低空、近程空中目标的第二代地空导弹。

1962年，世界上第一种单兵肩射防空导弹在美国诞生。这种名为“红眼睛”的防空导弹，长仅1.22米，重8.17千克，一个人扛在肩上即可操作发射。该导弹于1962年首次发射，1966年装备部队，采用光学瞄准，红外线跟踪制导，主要用于对付低空飞行目标。

1965年7月越南战争期间，越南从苏联引进了SA-2、SA-3防空导弹，用于打击美军飞机，造成了美军飞机的大量损失。其中，1973年12月，美军32架执行“地毯”式轰炸的B-52轰炸机就有29架被越南的防空导弹击落。

这一时期，典型的防空导弹有苏联的SA-6、SA-7、SA-8、SA-9，法国的“响尾蛇”，法国德国联合研制的“罗兰特”，英国的“长剑”、“海狼”、“吹管”，北约的“海麻雀”，美国的“改进型霍克”等型号。这些导弹主要用于野战防空、海上近程防空或要地防空。

多数第二代防空导弹采用单极固体火箭推进，采用微波、激光、红外或光电复合制导技术，火控雷达为脉冲多普勒搜索雷达或单脉冲跟踪雷达，以

苏制“萨姆-2”防空导弹

美国“红眼睛”便携式防空导弹

光电跟踪设备为辅，系统结构相对简化，导弹小而轻便，反应时间较短（10 秒左右），并有一定的抗干扰能力。

20 世纪 70 年代防空导弹进入第三代，并于 80 年代开始服役。第三代防空导弹采用了更先进的技术，导弹的体积小，重量更轻，可靠性更高，机动性更好，如“爱国者”导弹，其有效射程与“奈基 –2”相当，体积和重量分别为“奈基 –2”的 1/5 和 1/4。

中高空、中远程防空导弹的火控系统采用多功能相控阵雷达和计算机信息处理设备，能同时引导多枚导弹攻击多个目标，具有较强的抗干扰能力，不仅有反飞机，也有一定的反战术弹道导弹的能力。主要代表有美国的“爱国者 –2”“标准 –2”增程型舰空导弹，苏联的萨姆 –10（C–300）、萨姆 –12，中国台湾的“天弓”和中国大陆的“红旗 –9”等。

低空近程防空导弹的火控系统，有的采用雷达 + 红外 + 光学等多元探测系统，有的采用相控阵雷达，具有多目标作战能力。典型的低空近程防空导弹主要有瑞士与美国联合研制的“防空与反坦克系统”（ADATS）、法国的“新

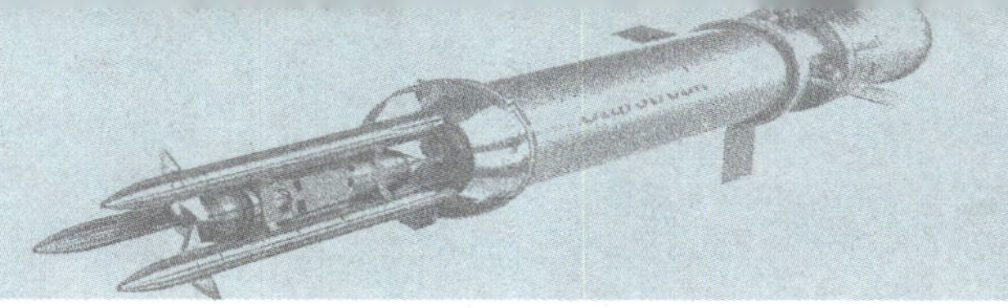

一代响尾蛇”等。

便携式防空导弹多采用红外导引头、红外成像导引头或红外/紫外双模导引头，发射后能自主攻击目标，抗干扰性能好。典型的便携式防空导弹主要有法国的“西北风”、美国的“毒刺”、英国的“星光”等。这一时期，还出现了弹炮合一防空系统，如苏联/俄罗斯的“通古斯卡”系列弹炮合一自行防空系统、美国的“火焰”弹炮合一自行防空系统等。

20世纪80年代以来，防空导弹发展到第四代。典型型号主要有美国的“爱国者-3”“军级地空导弹”，西欧的“紫菀-15”“紫菀-30”，俄罗斯的S-400、“安泰-2500”，以色列的“箭-2”等。

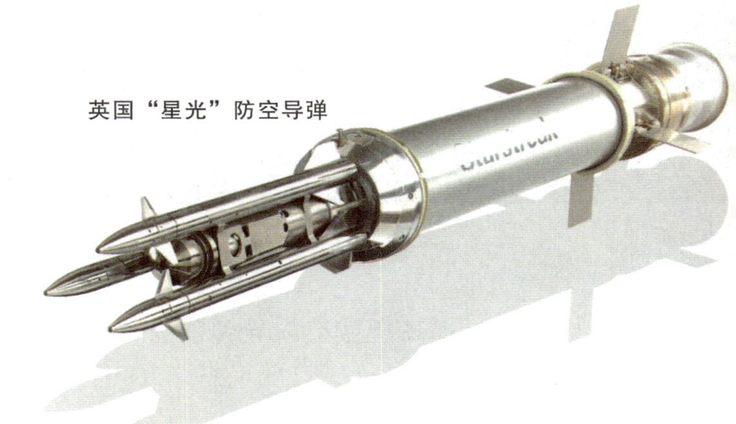
英国“星光”防空导弹

这一时期的中远程防空导弹具有反战术弹道导弹的能力；推进系统采用高能推进剂；弹上制导系统和姿态控制系统采用数字控制技术；武器系统采用相控阵制导雷达，可同时对付多个目标；同时采用多种抗干扰技术，系统的抗干扰能力、可靠性、可用性和可维护性等得到了提高。

近程和便携式防空导弹主要采用被动红外制导方式，提高了抗干扰能力；采用近炸和触发双重引信，提高对目标摧毁能力；增加射程和快速反

英国“星光”防空导弹

应能力，提高拦截巡航导弹能力，如俄罗斯“针 -S”便携式防空导弹等。

（二）防空导弹的种类

根据射程和射高，地空导弹可以分成 4 类：

第一类，射程在 40 千米以上，射高在 20 千米以上的地空导弹，称为中高空、中远程导弹。

第二类，射程为 15 ~ 40 千米，射高 6 ~ 20 千米，称为中低空、中近

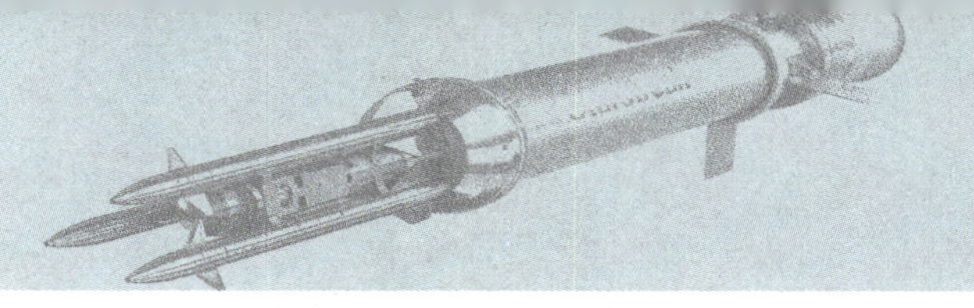

程地空导弹。

第三类，射程在15千米以下，射高在6千米以下，称为低空、近程地空导弹。

第四类，射程在5千米以下，射高在3千米以下，称为单兵便携式防空导弹。

苏制“萨姆-17”防空导弹

俄罗斯“安泰-2500”防空导弹

（三）防空导弹的特点

一是导弹外形小。与其他导弹相比，防空导弹可以称得上是一个“小弟弟”，不仅导弹弹体细长，弹径较小，而且重量也非常轻。

二是飞行速度较快。防空导弹以拦截飞机和导弹为主，与反舰导弹、反坦克导弹等相比，防空导弹的飞行速度要快得多，通常都在 2 马赫以上，有的甚至超过了 5 马赫。

三是杀伤方式多。不同于其他导弹的是，防空导弹不仅可以通过直接

美国“爱国者-2”防空导弹试射

命中目标而将对方摧毁，而且还可以通过在空中爆炸后形成的破片将对方置于死地。

（四）防空导弹的未来

一是提高全空域拦截能力。现代飞机一方面飞得越来越高，另一方面又可以贴地飞行，具有较好的高空、低空、超低空突防能力，因此，为了更好地履行“防空卫士”的任务，不仅要求防空导弹要担负起对付高空目标的任务，而且还要具有对付低空目标的能力。

二是提高导弹的机动性能。由于空袭兵器的机动速度越来越快，现代空

战和空袭作战的范围将不断扩大，这就要求防空导弹必须具有较强的机动性，才能确保在最短的时间内到达指定的发射阵位，对敌空中目标实施有效拦截。

三是提高反导能力。随着地地导弹技术的不断发展，反导已上升为防空作战的一项重要任务，这就要求防空导弹要能够担负好“多面手”的角色，具有较好的战术反导能力。

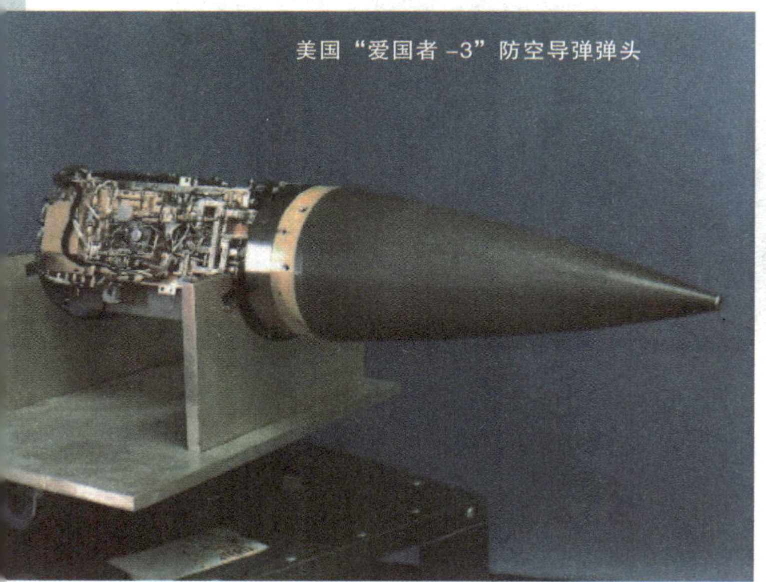

美国“爱国者 -3”防空导弹弹头

四是提高体系作战能力。精确打击、防区外发射、隐身空防与饱和式袭击已成为空袭体系的主要作战方式，防空作战是一个体系作战，不仅要求提高单个和单类防空导弹的命中精度，还要提高整个防空体系的远程预警、全程跟踪以及抗干扰、抗打击的能力。

二、经典防空导弹

（一）美国“毒刺”防空导弹

“毒刺”（Stinger）是美军装备的第二代便携式防空导弹。该弹由通用动力公司研制，用以取代FIM-43“红眼睛”（Redeye）导弹，主要用于攻击固定翼飞机、直升机、无人机、巡航导弹等低空超低空目标。

“毒刺”导弹在“红眼睛-2”型导弹基础上研制而成。该弹于1968年开始方案设计，1972年7月开始工程研制，1973年8月首次试飞，1976年1月试飞，1978年投入小批量生产，1981年2月开始服役，陆军正式编号为FIM-92A。

该弹共有FIM-92A、FIM-92B、FIM-92C等主要型号。其中，FIM-92A为基本型，战斗全重15.65千克，弹重10.13千克，战斗部重1千克，发射筒重3.5千克；战斗部配备爆破杀伤式高爆炸药，装有触发式引信，如果导弹发射后151秒内未能命中目标，自炸装置引爆战斗部装药。发射筒长1.83米；弹长1.52米，弹径0.07米，翼展0.09米；采用光学跟踪、被动红外寻的制导；最大飞行速度2.2马赫，射高10～3000米，最大射程3千米。

FIM-92B为FIM-92A的改进型，换装红外/紫外导引头，1983年开始生产，最大射程6千米。上述两种型号于1987年停产。FIM-92C于1984年开始研制，1987年开始生产，1989年9月服役，装有可重新编程的微处理器。此后，美军在FIM-92C的基础上又升级出FIM-92D、FIM-92E、FIM-92F、FIM-92G、FIM-92H等型号。

1984 年，美军开始“毒刺”导弹机载型的研制工作，代号 AIM-92（或 ATA），1987 年选定雷神公司作为第二主承包商，1988 年装备美国陆军直升机部队。此外，该弹还可以在“悍马”车上或步兵战车上发射。

导弹以发射组为基本火力单元，每组由 2 人组成，1 名组长，1 名射手兼司机，装备 1 具发射筒和 6 枚导弹、1 个敌我识别器。3 ~ 6 个发射组编为 1 个排，每排 8 ~ 14 人（其中含 1 名排长和 1 名无线电操作手），2 ~ 5 个排编为 1 个连，每个连装备 30 套肩扛式发射装置，每个营装备 60 套车载式、30 套肩扛式发射装置。

主要参数 (FIM-92C)			
重　　量	10.13 千克	飞行速度	2.2 马赫
弹　　长	1.52 米	弹头类型	爆破杀伤高爆弹
弹　　径	0.07 米	制导方式	红外制导
翼　　展	0.09 米	动力系统	固体火箭发动机
最大射程	8 千米		

美国“毒刺”防空导弹

（二）美国“爱国者”防空导弹

“爱国者”（Patriot）是美军装备的一种远程、中高空、全天候防空导弹武器系统。该弹由美国雷神公司研制，用以取代“奈基”导弹，担负国土防空和野战防空双重任务，用于对付各种高性能飞机，拦截巡航导弹、战术弹道导弹等。

“爱国者”导弹共有PAC原型弹、PAC-1、PAC-2、PAC-3等主要型号。其中，原型弹于1967年开始研制，1970年试射，1976年正式命名为“爱国者”导弹，1985年装备部队，编号MIM-104。导弹长5.31米，弹径0.41米，翼展0.84米，重900千克，破片杀伤战斗部重248千克，采用指挥导引+半主动雷达制导，装备1台固体燃料火箭发动机，飞行速度5马赫，最小射高300米，最大射高24000米，最大射程80千米。

PAC-1于1985年开始研制，1986年9月进行首次试射，1988年12月装备部队。该型导弹在原型弹的基础上对地面制导设备软件进行了改进，装备的相控阵雷达可对高仰角区域来袭的导弹进行搜索和跟踪。

PAC-2于1987年开始研制，1990年底装备部队，在海湾战争中发挥了重要作用。该弹最大射程160千米，采用了新的战斗部，爆炸时可产生700块45.6克破片，前向飞散角约为10度，杀伤区域更为集中。

PAC-3又派生为PAC-3-1、PAC-3-2、PAC-3-3等型号。其中，

美国“爱国者”PAC-3 地空导弹

主要参数（PAC-2）			
重　　量	900 千克	飞行速度	5 马赫
弹　　长	5.31 米	弹头类型	爆炸破片弹
弹　　径	0.41 米	制导方式	半主动雷达制导
翼　　展	0.84 米	动力系统	固体火箭发动机
最大射程	160 千米		

PAC-3-1 型于 1995 年列装，PAC-3-2 型于 1998 年列装，PAC-3-3 型于 1999 年列装。该弹重 312 千克，弹径 0.25 米，采用高爆弹头 + 碰撞击杀战斗部，战斗部重减至 73 千克，加装主动式雷达导引头，最大射高 15000 米，对导弹和飞机目标的拦截距离分别为 20 千米、160 千米。

“爱国者”的火力单位由火控系统和发射架组成。火控系统包括雷达车、指挥控制车、天线车和电源车各 1 部。每个发射箱可携带 4 枚导弹，每套系统装备 32 枚导弹（PAC-3 型为 128 枚），导弹由 M860 半挂卡车运载，发射架可装载 4 枚处于待发状态的导弹。

“爱国者”导弹系统配备有 AN/MPQ-53 相控阵雷达，搜索距离 100 千米，可同时跟踪 90 ~ 125 个目标，并可同时指挥 8 枚导弹对付 8 个目标，系统反应时间 15 秒，导弹对飞机的杀伤概率 90%、对战术导弹 40% ~ 50%。

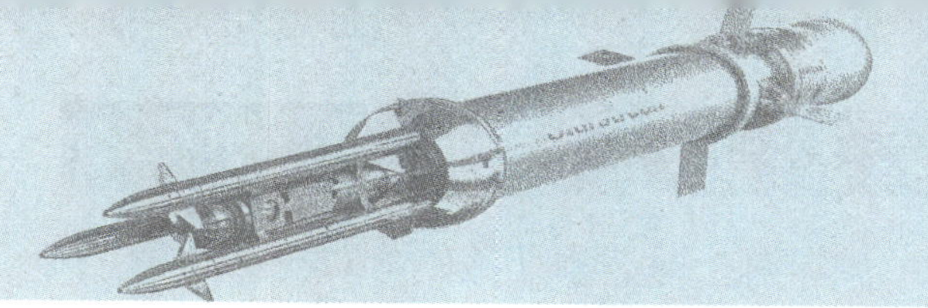

（三）美国“标准”防空导弹

“标准”（Standard）是美军发展的第二代舰空导弹，编号RIM-66。该弹由通用动力公司防空系统分公司研制，用以取代RIM-2“小猎犬”和RIM-24“鞑靼人”舰载防空导弹，是美国海军的主要防空系统，主要用于拦截中高空飞机、反舰导弹及巡航导弹，必要时还可攻击水面舰艇。

该弹主要有“标准-1”（SM-1）“标准-2”（SM-2）“标准-3”（SM-3）3大系列，每个系列又分为多种型号。“标准-1”主要包括RIM-66A、RIM-66B、RIM-66E三个主要型号。1964年开始研制，1968年装备部队。弹长4.24～4.48米，弹径0.343米，翼展1.08米，重616.5千克，战斗部重90千克，采用全程半主动雷达制导，装备1台固体火箭发动机，速度2马赫，射高19800～24400米，射程30～38千米。导弹采用两组控制翼面，形状特征较明显，第1组位于弹体底端，翼面前缘后掠，翼尖有切角，翼尖外缘前高后低。第2组位于弹体后部，采用大弦长弹翼，翼展由前向后尺寸不一，前小后大。

“标准-2”主要包括RIM-66C、RIM-66D、RIM-66G、RIM-66H、RIM-66J、RIM-66K、RIM-66L、RIM-66M等型号，1972年6月在RIM-66B基础上研发，用以满足“宙斯盾”舰载武器系统的作战要求。Block Ⅰ型共有C、D两个型号，1972年11月进行首次飞行试验，1978年投入使用，1984年停产。RIM-66C导弹采用新型MK-115爆破杀伤战斗部，并加装中段指令修正系统，有效射程46千米。RIM-66D为反辐射自导引型导弹，称

为“标准”ARM，只用于出口，射程148千米以上。

“标准-2”Block Ⅱ型导弹共有RIM-66G、RIM-66H、RIM-66J3个型号。导弹采用全数字信号处理技术，装有新型双推力火箭发动机，射程增至166千米。Block Ⅲ型导弹共有RIM-66K、RIM-66L、RIM-66M、Block Ⅲ A、Block Ⅲ B、Block Ⅳ、Block Ⅳ A等型号，1984年开始研制，1988年6月批量生产。弹长7.98米，弹径0.343米，翼展1.57米，重1341千克，速度3.5马赫，射高24400米，射程185千米。

Block Ⅳ，编号RIM-67B/C，在SM-2基础上加装助推器改进而成，弹长6.55米，弹径0.348米，翼展1.57米，重1452.8千克，速度3.5马赫，最大射高24000米，最大射程240千米。1993年，美军开始研制具有拦截弹道导弹能力的Block Ⅳ A，1997年1月24日首次反弹道导弹试验取得成功。

“标准-3”是美国海基中段导弹防御系统的重要组成部分，编号RIM-161A，共有Ⅰ、ⅠA、ⅠB等型号，用来拦截中远程弹道导弹。该弹在Block Ⅳ A的基础上，增加第三级火箭发动机、1个GPS/惯性导航段、1个轻型外大气层拦截动能战斗部（电磁轨道炮）。该弹长6.55米，弹体直径（第二级火箭直径）0.34米，起飞重量1490千克，射程大于500千米，射高大于160千米。

美国“标准”RIM-66C 舰空导弹

主要参数（RIM-66C）	
重　　量	621 千克
弹　　长	4.72 米
弹　　径	0.34 米
翼　　展	1.07 米
最大射程	74 千米
飞行速度	3.5 马赫
弹头类型	爆炸破片弹
制导方式	惯性 + 半主动雷达制导
动力系统	固体火箭发动机

（四）俄罗斯“道尔”防空导弹

“道尔”（TOR）是苏联20世纪80年代研制的一种垂直发射低空近程地空导弹武器系统。该弹由安泰设计局研制，项目代号9K330，导弹代号9M330，北约称其为SA-15（萨姆-15）。

该弹共有“道尔”“道尔-M1”“道尔-M1A”“道尔-M2”等型号，主要装备俄军陆军师防空导弹团，每个团装备20辆导弹发射车，用于野战防空。其中，“道尔”基本型的研制工作始于20世纪70年代末，1984年设计定型，1986年装备部队。导弹全长3.5米，弹重165千克，战斗部重15千克，配备无线电近炸引信，射高0.01～6千米，有效射程2～12千米，飞行速度850米/秒，采用指令制导，只能同时攻击一个目标。

1993年，“道尔-M1”（9K331）装备部队。“道尔-M1”系统是世界上同类地空导弹系统中唯一采用三坐标搜索雷达，具有垂直发射和同时攻击2个目标能力的先进近程防空系统。整个系统包括1部三坐标多普勒搜索雷达、1部多普勒跟踪雷达、1部电视跟踪瞄准设备和8枚9M331导弹。

上述装备均整合安装在1辆由GM-569改装的中型履带装甲运输车上，导弹车战斗全重34吨，车长7.5米，宽3.3米，高5.1米（雷达竖起），最大速度60千米/小时，乘员4人。系统基本战斗单位为导弹发射连，每连装备4辆导弹车和1部指挥车，以及导弹运输装填车、修理车和测试车等，共计10台，行军战斗转换时间3分钟。

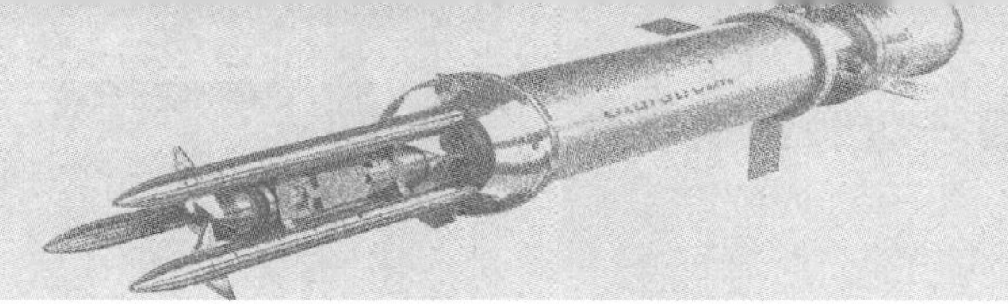

连搜索雷达最大探测距离 25 千米，可对 48 个来袭目标作出判断，并对其中 10 个目标进行跟踪；团搜索雷达最大探测距离 160 千米。跟踪雷达作用距离 24 千米，可引导导弹攻击 2 个目标。系统配有 8 枚导弹，垂直装在 2 个密封的 4 联装发射筒内。系统反应时间 5 ~ 8 秒。

9M331 导弹采用鸭式气动布局，战斗部重 17 千克，破片数 1870 块，飞散角约 40 度，杀伤半径 15 米，最小射程 1.5 千米，最大射程 12 千米，射高 10 ~ 8000 米。

9M331 共有两种导弹，采用无线电指令 / 主动雷达制导。其中，无线电指令制导型用于出口，主动雷达制导型供本国使用。

对 F-15/F-16 等固定翼战斗机的杀伤概率为 0.25 ~ 0.9；对巡航导弹为 0.85 ~ 0.9；对武装直升机为 0.26 ~ 0.97；对精确制导炸弹为 0.85；对反辐射导弹为 0.3 ~ 0.6。

“道尔 -M1A”为“道尔 -M1”的改进型，最大作战距离和高度分别增至 15 千米和 9 千米。“道尔 -M2”是“道尔”系列导弹的最新型，代号为 9K332。2008 年开始研制，2009 年开始装备俄罗斯陆军部队，2011 年开始装备白俄罗斯。“道尔 -M2”仍然使用 9M331 导弹，不过目标搜索雷达作用距离比“道尔 -M1”增加 32 千米，乘员减少为 3 人。

主要参数（道尔 -M1 配 9M331）			
重　　量	167 千克	飞行速度	2.5 马赫
弹　　长	2.895 米	弹头类型	破片杀伤弹
弹　　径	0.235 米	制导方式	无线电指令 / 主动雷达制导
翼　　展	0.65 米	动力系统	固体火箭发动机
最大射程	12 千米		

俄罗斯“道尔 M1”地空导弹

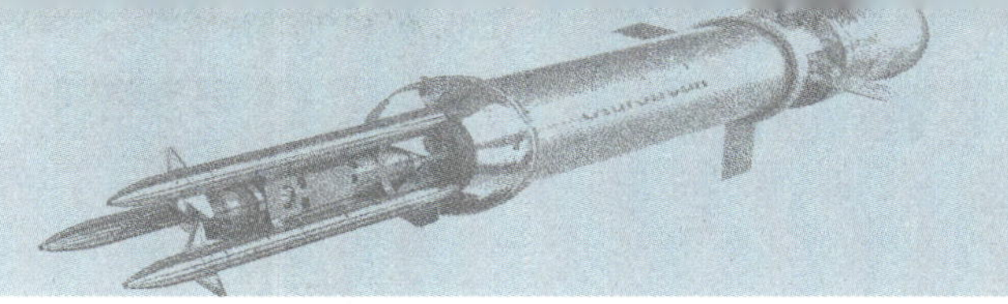

（五）俄罗斯 S-300 防空导弹

S-300 是苏联 20 世纪 70 年代后期研制的第三代防空导弹系统，西方和北约称其为 SA-10。S-300 是一种机动式、多通道、全天候、全高度和全空域防空导弹系统，由金刚石设计局负责系统整体设计，由火炬设计局负责导弹整体设计。

S-300 导弹系统于 1967 年研制，共有 S-300P（SA-10）、S-300PM（SA-10A）、S-300PMU（SA-10B）、S-300PMU1（SA-10C）、S-300PMU2（SA-10D）、S-300PMU3/4（SA-10E）6 种型号，以及 5V55K、5V55R、5V55RUD、48N6E、48N6E2、9M96E、9M96E2 7 种导弹。

S-300P 为半机动型，主要用于要地防空和大城市防空；其余各型为机动型，可用于要地防空和野战防空。前 5 种导弹重 1800 千克左右，战斗部重 150 千克左右，弹径 0.5 米左右，不具备拦截战术弹道导弹的能力。后 2 种导弹重 333 千克、420 千克，战斗部重 24 千克，弹径 0.125 米，其中 9M96E 主要用于拦截弹道导弹，9M96E2 主要用于拦截飞机。

S-300P 于 1980 年服役，配备 5V55K 导弹，采用筒式垂直发射，1 部发射车备弹 4 枚，装有 1 台固体火箭发动机，飞行速度 5 马赫，拦截速度 2.8 马赫。该弹最大射程 47 千米，一次仅能攻击 1 个目标，且机动性较差，无线电指令制导易受干扰，所以很快就被淘汰了。

S-300PM 于 1982 年服役，配备 5V55R 导弹，采用初段程序 + 中段无线电指令修正、末段电视制导，配有高爆破片式战斗部或核弹头，战斗部重 133 千克，射程 75 千米，采用新型半拖车发射装置，发射器不需从拖车中分离出来即可发射导弹，但不能拦截弹道导弹。

S-300PMU 于 1985 年服役。以营为最小作战单元，每营编 3 ~ 4 个发射连，每连配 2 ~ 3 辆发射车，每车装弹 4 枚。配备 76N6 型低空补盲相控阵雷达，对 500 米高度目标的探测距离 90 千米，可同时跟踪 180 个目标。

俄罗斯 S-300 防空导弹

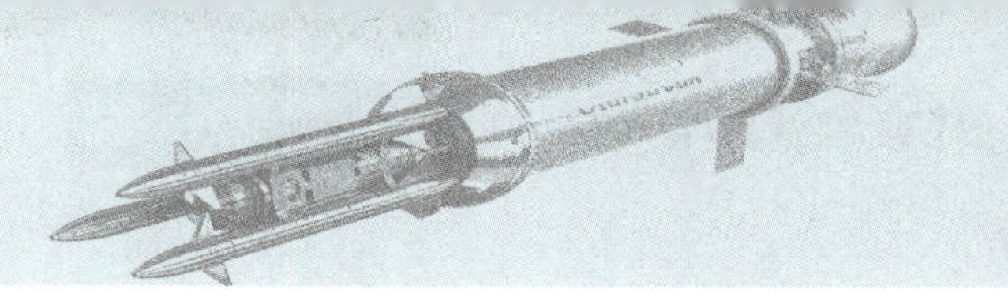

主要参数 (S-300PMU2/5V55R)			
重　　量	1665 千克	飞行速度	5 马赫
弹　　长	7.25 米	弹头类型	破片杀伤弹
弹　　径	0.508 米	制导方式	惯性 + 主动雷达制导
翼　　展	1.124 米	动力系统	固体火箭发动机
最大射程	200 千米		

S-300PMU 配备 5V55RUD 导弹，射程 5 ~ 90 千米，射高 10 米 ~ 27 千米，可拦截速度为 1200 米 / 秒的目标，对弹道导弹的拦截距离 30 千米，发射速度 1 枚 /3 ~ 5 秒，拦截目标能力从 3 个提高至 6 个，每个目标可由 2 枚导弹拦截。

S-300PMU1 于 1993 年服役。系统仍然以旅（团）为基本战术单位，以营为最小作战单位，全营共装备作战车辆 10 余辆、辅助装备 20 余辆。主要包括 1 部 30N85 型照射制导雷达（出口型为 30N6E1）、1 部 76N6 低空补盲雷达、1 部 CT-6Y 目标指示雷达、8 ~ 12 辆发射车、32 ~ 48 枚 48N6E 导弹。48N6E 可拦截速度为 2700 米 / 秒的目标，最大射程 150 千米，反导距离 40 千米。整体性能优于美国“爱国者 -1”。

S-300PMU2 于 1997 年服役，绰号“骄子”。该系统保留 S-300PMU1 系统的运输发射筒、发射装置以及全套地面辅助设备，但整体性能优于前者。系统可使用 48N6E、48N6E2 导弹，作战高度 10 米 ~ 27 千米，射程 3 ~ 200 千米，可同时拦截 36 个目标，同时制导 72 枚导弹。

S-300PMU3/4 于 1998 年对外公开展示。系统配备 9M96E、9M96E2 导弹，战斗部重 24 千克，装有多点起爆装置，采用主动导引头。其中，9M96E 拦截高度 5 米 ~ 20 千米，拦截距离 1 ~ 40 千米；9M96E2 比 9M96E 发动机功率更大，拦截高度 5 米 ~ 30 千米，拦截距离 1 ~ 120 千米。整体性能优于美国“爱国者 -3”。

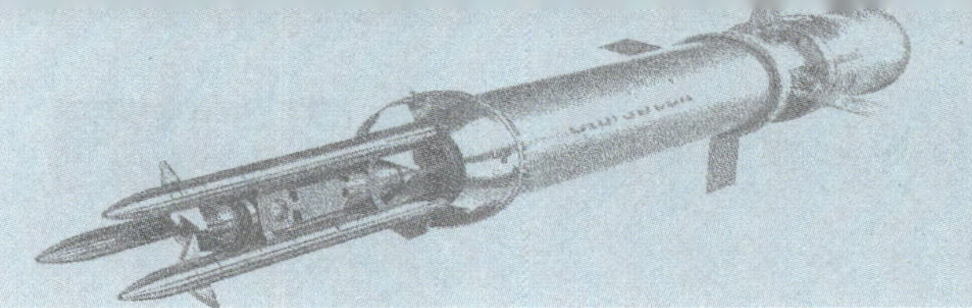

（六）俄罗斯 S-400 防空导弹

S-400 是俄罗斯研制装备的最新型防空导弹系统，北约代号 SA-21，绰号“咆哮者”（Growler）。该弹在 S-300 的基础上改进而成，由金刚石设计局牵头设计，研制单位还包括火炬机械制造设计局、新西伯利亚测量仪器科学研究所、圣彼得堡特种机械制造设计局等。

20 世纪 90 年代，随着美国 AGM-84（射程 200 千米）、德国瑞典 KEPD350（射程 350 千米）等远程空地导弹相继问世，且一些导弹采用隐身技术，被发现与摧毁机会大大降低。而俄罗斯空军现有 S-300 最大作战距离仅为 200 千米，难以执行远距离拦截任务。

该系统于 1999 年 2 月 12 日进行首次试验。2001 年测试顺利完成。2007 年 4 月底正式装备部队服役。系统的配置基本与 S-300PMU2 系统相近，采用重型卡车底盘。可发射低空、中空、高空，近程、中程、远程等各类导弹，主要包括 48N6、9M96、40N6 系列，可采取 48N6 系列大弹、9M96 系列小弹混装的方式，每一个发射装置备弹 4 枚。

9M96E 导弹长 4.75 米，直径 0.24 米，弹重 330 千克，最大射程 40 千米，射高为 5 米～ 20 千米。9M96E2 导弹射高 5 米～ 30 千米。

48N6DM 导弹为 48N6 导弹的最新型，弹重从 1830 千克增至 2000 千克左右，最大飞行速度增至 2.5 千米 / 秒，射程提高至 250 千米。40N6 导弹采

用主动雷达导引头，动力装置为二级固体发动机，战斗部为质量较轻的定向高爆弹头或动能弹头，最大射高超过 185 千米，射程可达 400 千米，专门用于拦截大气层外的道弹导弹，可对速度在 4.8 千米 / 秒、射程在 3500 千米以内的弹道导弹实施拦截。

S-400 配有 1 部 91N6 型远程预警雷达，预警距离约 600 千米；1 部 92N6 型多功能火控雷达（S-300 的 30N6 型改进型），探测距离 400 千米，可同时跟踪 100 个目标，并对其中威胁最大的 6 个目标进行锁定，并具有很强的反电子干扰能力。

一套 S-400 系统最多可以指挥 6 个作战单元，每个作战单元由 1 部相控阵雷达和 8 ~ 12 部发射装置组成。全系统一次齐射可以发射 96 枚导弹，同时拦截 48 个目标，具有远、中、近程和高、中、低空防御作战能力，作战能力是 S-300 的 2 倍。

此外，S-400 还采用了模块化的系统结构，可以与 S-300 系列导弹系统组合，实现以新系统带动老装备，充分调动并提升整体作战能力。在接到作战命令 5 分钟后，导弹系统便可进入作战状态。而美国同类导弹的准备时间为 25 分钟，法国的为 30 ~ 35 分钟。其发射速度也比西方同类导弹快 6 ~ 7 倍。

俄罗斯 S-400 防空导弹

主要参数（S-400 配 9M96E2）	
重　　量	420 千克
弹　　长	5.65 米
弹　　径	0.24 米
最大射程	120 千米
飞行速度	900 米 / 秒
弹头类型	破片杀伤弹
制导方式	惯性 + 主动雷达制导
动力系统	固体火箭发动机

（七）法国意大利“紫菀”防空导弹

“紫菀”（Aster）是法国、意大利等国联合研制的一种防空导弹系统，主要装备法国、意大利、英国等国家。

20世纪80年代，法国与意大利等国开始着手联合研制一型新的防空导弹武器系统，命名为FSAF（未来面对空导弹系列），以取代“海响尾蛇”、“标准-1”等舰空导弹。1989年，由法国宇航公司、汤姆逊公司以及意大利阿丽亚娜公司共同组织欧洲防空导弹公司，负责导弹系统的研制与开发。

该弹共有“紫菀-15”“紫菀-30”两个型号。“紫菀-15”为近程防空导弹，全长4.2米，弹径0.18米，重310千克；采用两级固体火箭助推器，助推器重200千克，长1.6米，加速时间25秒，飞行速度3.5马赫；采用惯性+主动雷达制导；有效射高1.7～13千米，最大射程30千米。

“紫菀-30”为中程防空导弹，采用两级固体火箭助推器，助推器重345千克，长2.6米，直径0.54米，加速时间35秒；有效射高1.7～20千米，射程3～120千米。

“紫菀”防空导弹系统广泛装备到陆军、海军和空军，主要有SAAM、SAMP/T、PAAMS等多个系统。其中，SAAM为舰空型，用于满足舰艇自卫和保护舰队的上空安全，该系统既可独立工作，也可融入舰队的防空体系之中。该系统主要由多功能电子扫描雷达火控系统、1座或多座“席尔瓦”

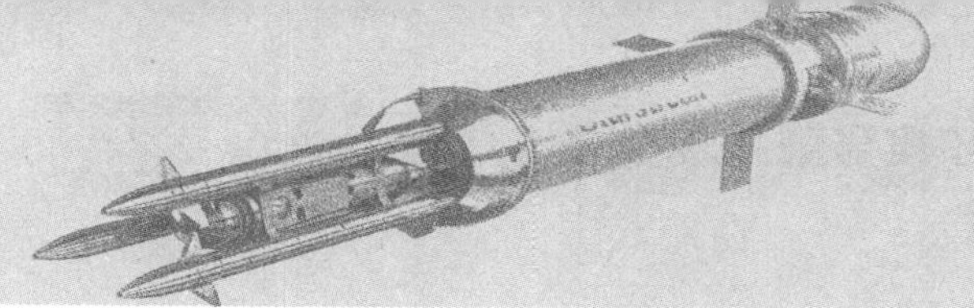

（SYLVER）A43 垂直发射装置和“紫菀 -15”导弹组成。“席尔瓦”发射装置主要有 A43、A50 两种类型。A43 可发射 8 枚“紫菀 -15”导弹，A50 主要用于发射“紫菀 -30”，也可发射“紫菀 -15”。

由于使用的火控系统不同，SAAM 又分为法国的 SAAM-F、意大利的 SAAM-T 两个版本。其中，SAAM-F 装备的是“阿拉贝尔”三坐标雷达，具有很强的抗干扰能力，对雷达反射截面积为 0.5 平方米的导弹探测距离为 50 千米，对大型空中目标的探测距离为 100 千米，最多能跟踪 100 个目标，同时制导 10 ~ 16 枚导弹。SAAM-T 装备的是“埃帕姆”G 波段雷达，性能与“阿拉贝尔”相似。

SAMP/T 为地空型，配备“紫菀 -30”导弹，既可用于防空，也可用于反导，防空作战距离 100 千米，反导作战距离 25 千米。1 套 SAMP/T 系统由 1 辆雷达车、1 辆控制车和 44 辆发射车组成，控制车装有导航和定位系统，发射车具有运输、存储和发射功能，发射准备时间 15 分钟，可同时跟踪 10 个目标，控制 16 枚导弹飞行，管理 48 枚导弹，10 秒内可发射 8 枚导弹。

PAAMS 称为主防空导弹系统，具有全方位抗饱和攻击能力，可在恶劣电子对抗环境下工作，主要担负拦截反舰导弹、巡航导弹、反辐射导弹、战斗机的任务。系统由“紫菀 -15”“紫菀 -30”导弹，“阿拉贝尔”（供法国使用）“埃姆帕”（供意大利使用）“桑普森”（供英国使用）多功能雷达，2 座“席尔瓦”垂直发射装置，T1850 远程三坐标搜索雷达等组成。

主要参数（紫菀 -30）			
重　　量	450 千克	飞行速度	4.5 马赫
弹　　长	4.9 米	弹头类型	破片杀伤弹
弹　　径	0.18 米	制导方式	惯性 + 主动雷达制导
最大射程	120 千米	动力系统	固体火箭发动机

法国意大利“紫菀 -30”防空导弹

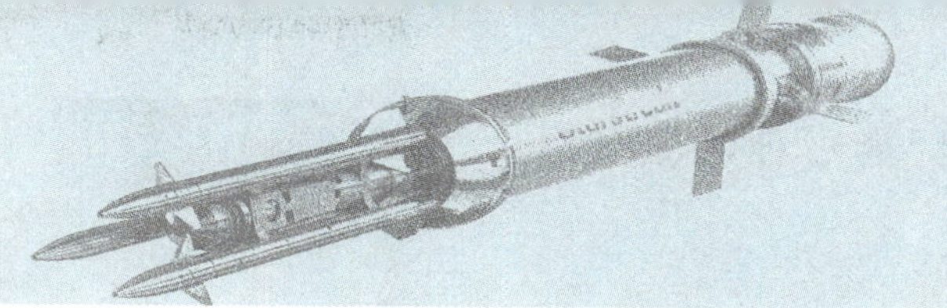

（八）以色列“箭”式防空导弹

“箭”式（Arrow）是世界上第一个试验性实战部署的高层反战术弹道导弹专用型地空导弹武器系统。系统由以色列和美国联合研制，主要用于拦截近、中程战术弹道导弹，研制费用16亿美元，美国约掏了一半的经费。

1985年的伊朗和伊拉克的“飞毛腿”大战，使得地处中东地区的以色列深感不安。1986年，以色列国防部针对美国“星球大战”计划要求，提出研制“箭”式反导弹国际共同开发方案。

1988年7月，美国方面以承担初期研究费80%（约1.58亿美元）为条件同意共同开发。初期研究包括样弹开发和5次以上模拟拦截试验。项目由美国陆军战略防御司令担任总指挥，由以色列航空工业公司作为主承包商负责导弹的设计与试验。

“箭”式导弹共有“箭-1”“箭-2”“箭-3”等型号。其中，“箭-1”导弹开发试验阶段总费用达7.5亿美元以上。导弹于1990年8月9日首次进行发射试验。导弹由一级固体助推火箭、制导设备、雷达寻的头、机动控制系统和杀伤增强器等组成。助推火箭重140千克，弹头与助推火箭在飞行中始终保持一个整体。

“箭-1”导弹长7.5米，弹体直径1.2米，重2000千克，作战距离50千米，作战高度15千米，最大飞行速度6马赫。战斗部重150千克，内置杀伤增

强器重 11.1 千克，装有 24 个 0.214 千克的破片，分两圈分布在弹体周围，形成以弹体为中心的两个破片圆环。导弹基本发射单位是连，1 个导弹连共有 8 部发射车，配备 96 枚导弹。

“箭 –2”于 1995 年 7 月 30 日首次进行飞行试验，1996 年 8 月 20 日首次成功进行拦截试验，2000 年 3 月 14 日在特拉维夫帕尔马齐姆空军基地首次部署。“箭 –2”以反战术弹道导弹为主，兼顾反飞机、反巡航导弹，以超高空为主要作战区域，系统由“箭 –2”型导弹、发射车、“绿松树”（Green Pine）预警雷达、作战管理与指挥系统、控制系统、通信系统等组成。

“箭 –2”型导弹采用两级固体火箭发动机和高能破片杀伤战斗部，杀伤半径 50 米，最大拦截高度 40 千米。飞行初段采用惯性制导，中段采用指令制导，末段采用自主寻的或被动红外寻的制导，杀伤概率达 90% 以上。

“箭 –2”仍以连为基本发射单位，每连装备 4 部导弹发射车，1 部“绿松树”搜索、捕获和火控多功能雷达，1 部“香橼树”（Citron Tree）指挥控制系统；系统最大探测距离 500 千米，可同时跟踪 30 个目标，制导 14 枚导弹实施拦截。导弹采用 6 联装筒式发射架垂直发射，在发射方式上优于“箭 –1”，但每辆发射车携带 6 枚“箭 –2”导弹，火力密度不如前者大。

“箭 –3”导弹重量仅为“箭 –2”导弹的一半，弹体直径 0.533 米，作战距离 148 千米，用以拦截射程更远的中程弹道导弹。该弹于 2011 年 8 月首次进行试飞试验。

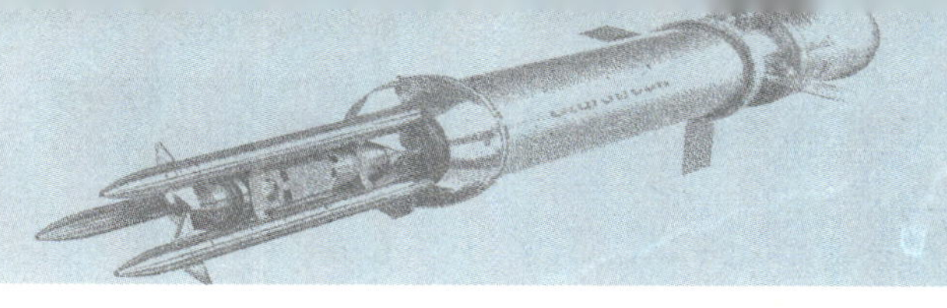

主要参数（箭 -2）			
重　　量	1300 千克	飞行速度	10 马赫
弹　　长	7.0 米	弹头类型	高爆碎片杀伤弹
弹　　径	0.8 米	制导方式	惯性、指令、自主寻的 / 被动红外寻的制导
翼　　展	0.82 米		
最大射程	90 千米	动力系统	固体火箭发动机

以色列“箭 -2”防空导弹

（九）日本81式防空导弹

81式防空导弹是日本自行研制的野战防空导弹系统，装备日本陆上自卫队师团一级和航空自卫队的各基地防空部队。该弹由东芝公司研制，主要用于填补日军射程在7～12千米、射高在4000米左右的火力空白。

该弹于1967—1968年由东芝公司完成系统的框架设计和基本样机研制。1971年8月，正式改名为近程萨姆（SAM-1）系统。1971年原理样弹进行首次发射试验。1982年完成最后定型，命名为81式近程防空导弹。1983年开始大批量生产。

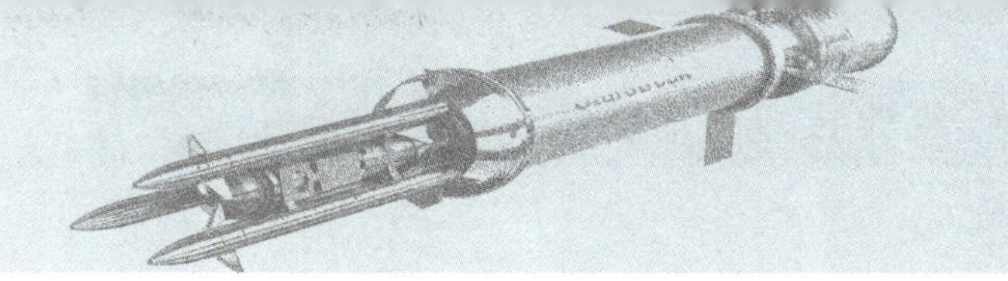

主要参数	
重　　量	100 千克（SAM-1），105 千克（SAM-1C）
弹　　长	2.7 米（SAM-1），2.71 米（SAM-1C）
弹　　径	0.16 米
翼　　展	0.6 米
最大射程	7 千米（SAM-1），14 千米（SAM-1C）
飞行速度	2.4 马赫（SAM-1），2.9 马赫（SAM-1C）
弹头类型	破片杀伤弹
制导方式	惯性＋被动红外制导（SAM-1）主动雷达＋红外复合制导（SAM-1C）
动力系统	固体火箭发动机

日本 81 式防空导弹

导弹采用无前翼正常气动布局，头部呈圆形，弹体呈细长圆柱形，弹体中后部装有4个后掠角很大的弹翼，弹翼呈十字形配置，并处在同一平面上，控制翼位于导弹尾部。导弹平时存放在充有氮气的包装箱内密闭保存，只有装填导弹时才打开，储存期限10年。

导弹破片杀伤式战斗部重9.7千克，配有触发和无线电近炸引信，有效杀伤半径为5 ~ 15米；采用惯性+被动红外制导，单发命中概率75%；装备1台单级固体火箭发动机，最大推力8400千克，射高15 ~ 6000米。81式改进型(SAM-1C)重量增加5千克，采用主动雷达+红外复合制导，最大射程增至14千米。

1套81式近程防空导弹系统由导弹、发射车和火控雷达车组成，以连为基本火力单元，每连装备2辆导弹发射车（16枚导弹）和1辆火控车，人员编制15人。两种车辆均由重3.5吨的73式6×6卡车改装。发射装置为4联装发射架，发射架可360度旋转，采用液压装弹机进行装弹，装弹总时间约3分钟。作战时，发射架与跟踪雷达同步；采用光学瞄准具跟踪目标时，发射架与主瞄准具随动。

发射车通常配置在离火控车半径约300米的范围内。火控车与发射架之间用1000米长的电话线相连，用于互相传递信息和通信联络。火控车配有脉冲多普勒三坐标雷达，最大作用距离30千米，可同时跟踪6个目标，攻击其中2个目标，系统反应时间8秒。

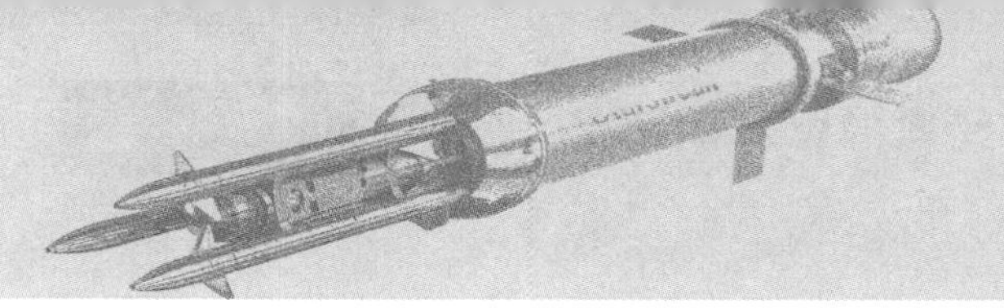

（十）法德“独眼巨人”潜空导弹

“独眼巨人”（Polypheme）是法国宇航公司和德国 MBB 公司联合研制的一种水下发射、光纤制导的潜射防空导弹武器系统。

1982—1984 年，西德 MBB 公司利用改进型 Mamba 导弹开展了光纤制导的初步原理试验研究，以验证光纤绕线轴、光纤传输图象和控制指令的可行性，试验距离 0.9 ~ 2.5 千米。1984 年，法国宇航公司和德国 MBB 公司自筹资金，联合提出“独眼巨人”光纤制导导弹发展计划。1989 年，该计划得到政府的资金支持。

“独眼巨人”主要由导弹、水下运载器、发射器、制导控制四个部分组成。导弹技术来源于线导反坦克导弹，重 43 千克，弹体呈圆柱形，弹体中部有 4 个十字型配置的鸭式弹翼，尾部也有同样 4 个十字形配置的稳定翼，弹翼均可折叠，导弹头部装有红外或电视摄像机，光纤线轴装在弹体尾部。动力装置为固体火箭发动机（试验弹）或涡轮喷气发动机。战斗部装有 3 千克重的高能炸药，配有触发和近炸两种引信。

导弹的制导系统包括弹上和艇上两部分，二者之间通过光纤互传视频信息、各种测量数据和指令信号。试验弹导引头采用的是电视摄像机，生产型采用红外线热成像或者毫米波制导。其中，后两种制导方式具有更好的昼夜和全天候工作能力。

导弹采用533毫米标准鱼雷管发射。水下运载器重62千克，内部充有低压气体，并装有一套推进系统。水下运载器和导弹从鱼雷管内同时发射，以15米/秒的速度在水下飞行，在大约距发射位置1千米处飞出水面，运载器跃出水面后，在出水传感器控制下爆裂脱落，将导弹释放出去。

运载器脱落后，导弹助推器和主发动机先后点火，弹翼和尾翼展开，然后导弹在空中飞行进入目标搜索阶段。该弹主要有定向搜索和区域搜索两种方式，搜索速度150米/秒，攻击速度250米/秒。其中，当目标方位比较精确时，操纵手通常选择定向搜索方式，控制导弹沿软件系统计算出来的方向进行搜索，此时，搜索范围宽3千米、长10千米。

当只有目标的大致方位时，操纵手控制导弹在大致方位上进行区域搜索。在这种方式下，导弹一面爬升，一面搜索；如未搜索到目标，则沿螺旋线做上下飞行搜索。搜索半径为1千米，搜索高度500米。此外，寻的摄像机也同时配合进行上下左右搜索。

一旦搜索到目标，目标的视

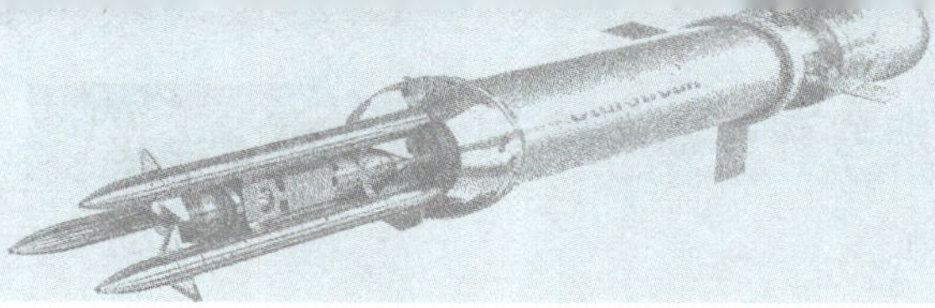

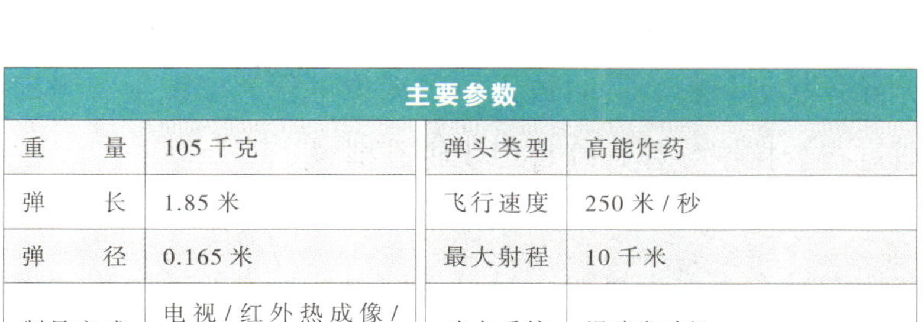

主要参数			
重　　量	105 千克	弹头类型	高能炸药
弹　　长	1.85 米	飞行速度	250 米 / 秒
弹　　径	0.165 米	最大射程	10 千米
制导方式	电视 / 红外热成像 / 毫米波雷达制导	动力系统	涡喷发动机

法德“独眼巨人”潜空导弹

频图像将显示在控制台的监视屏上。操纵手根据视频图像及有关数据，通过操纵杆操纵导弹接近目标，并对放大了的图像进行人工识别，当确认是敌方目标后，通过指令控制导弹跟踪目标并将其摧毁。

如果在搜索时发现多个目标，操纵手可根据目标的威胁程度先后发射多枚导弹，攻击不同的目标。也可根据需要，对同一目标发射第二枚导弹。当发现所要攻击的目标不是敌方而是自己或是友军的飞机时，操纵手通过光纤发出自毁指令，导弹通过自毁装置自毁。

光纤制导和导线制导工作原理类似。但光纤由石英材料制成，与铜导线相比，除具有非常好的水密性和防腐性等优点外，还具有重量轻、体积小、强度高和抗电磁干扰等特点，而且传输信号的容量很大，在线径和长度相同的条件下，是铜导线的 5000 倍。

三、防空导弹背后的故事

“鬼怪”遇“杀手”

F-4战斗机，绰号“鬼怪”（Phantom），是美国麦克唐纳公司为美国海军研制的双座双发舰队重型防空战斗机。该机于1956年开始设计，1958年5月试飞，1961年10月交付美国海军使用，1963年11月开始装备美国空军。

在越南战场上，该机大展身手，多次击落苏联支援越南的“米格-17”，可谓是当时最优秀的战斗机。作为美国的主要盟国，为了对付阿拉伯国家，以色列从美国弄到了80余架F-4“鬼怪”战斗机。

1970年7月30日，在以色列与埃及发生的空战中，以色列飞行员驾驶的F-4和法国“幻影”战斗机与16架苏制米格战斗机遭遇。结果F-4“鬼怪”战斗机占了便宜，发射“响尾蛇”空空导弹击落5架米格战机，而F-4自己毫发无损。

原来，F-4“鬼怪”式战斗机已装有电子干扰设备，苏制“米格-17”发射的导弹都被F-4“鬼怪”躲掉了。此事弄得苏联非常紧张，苏联空军司令也亲自赶到开罗调查。发现美国F-4的速度、灵活性都超过了“米格-17”，因此空中格斗失去优势。

不仅如此，由于在越南战场上，F-4吃过苏制“萨姆-2”防空导弹的亏，机上还装有杂波干扰机，专门用于干扰“萨姆-2”防空导弹的雷达和导弹发向地面的信号信标。另外，还在飞机的进攻航线上投放大量干扰箔条，使用“百舌鸟”反辐射导弹攻击越南的雷达设施。由此，“萨姆-2”变得不再那么好使了，过去3发导弹能击落1架飞机，后来要80发导弹才能击落1架。

1973年10月6日，中东第四次战争爆发。开战后，以色列又像往常一样，使用飞机对苏伊士运河上的浮桥进行轰炸，企图阻止埃及地面部队向运河东岸推进。首先，F-4按照老的套路，使用电子干扰机发射电波，干扰埃及地面防空导弹部队

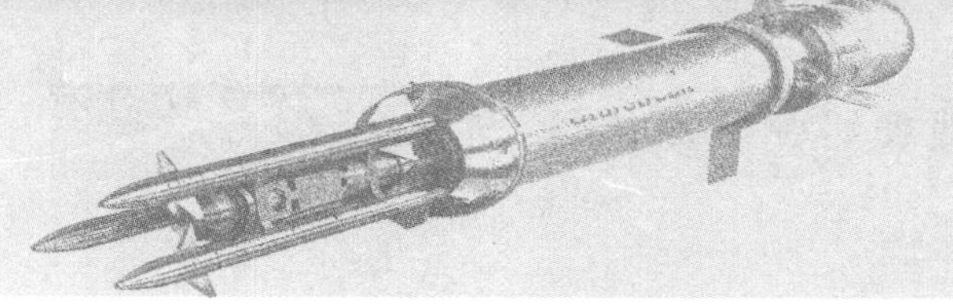

的雷达；然后，开始俯冲轰炸。

但是，令以色列人没有想到的是，第一批8架F-4俯冲攻击时，竟有4架被埃及防空导弹击落。F-4“鬼怪”战斗机上的电子干扰机是专门对付苏制“萨姆-2”防空导弹制导雷达而设计的，难道干扰机出了故障?

为此，以色列的机械师和电子专家们进行了反复检查，但并没有发现什么问题，干扰机一切正常。接下来，以色列又出动大批F-4“鬼怪”战斗机。这些飞机不停地发射干扰波，但是地面上埃及的防空导弹还是像长了眼睛一样，向“鬼怪”扑了过来，一架接一架的“鬼怪”战斗机朝地面栽了下来。

前后3个小时的时间里，就有40架“鬼怪”战机栽了跟头，创造了二战后一次击落敌机的最高纪录。到底是什么东西令以色列人吃了这么大的亏呢?

原来，开战前，埃及从苏联秘密购买了新式的“萨姆-6”“萨姆-7”防空导弹。“萨姆-6”是一种机动式全天候近程防空导弹，采用PT-76轻型水陆坦克底盘，主要用于攻击中、低空亚音速和跨音速飞机。导弹采用固体火箭和冲压一体式发动机，射程5～25千米，射高0.06～10千米，弹长5.85米，弹径0.34米，翼展0.95米，弹重604千克，最大飞行速度2.2马赫，战斗部重40千克（可产生3000块杀伤破片），采用半主动雷达制导，系统反应时间30秒，单发杀伤概率80%。

“萨姆-7”是一种肩扛便携式近程防空导弹，主要用于攻击低空和超低空慢速飞行目标。导弹长1.42米，弹径0.72米，翼展0.3米，弹重9.15千克，战斗部重1.17千克，装有1台双推力固体火箭发动机，最大飞行速度2马赫，有效射程800～3600米，射高50～1600米，采用红外被动制导，既可对目标实施迎头攻击，也可进行尾追击攻击。

这两种导弹根据越南战场经验专门为了对付美国飞机的电子战设备而设计，在频率上超出了美国当时电子对抗系统的能力，“鬼怪”战斗机上的电子干扰设备根本压制不了这两种防空导弹的制导系统。

为了帮助以色列人查明真相，美国赶快调用 4 颗侦察卫星，帮助以色列监视埃及军队的动向。终于有一天，美国的间谍卫星发现埃军的第二和第三军团之间有个空隙。

于是，以色列人化装成埃及军队，使用从埃及缴获的苏制坦克，从埃及第二和三军团结合部的间隙穿了过去，从背后对埃军的导弹阵地、飞机场、交通要口实施猛烈攻击，占领了“萨姆 –6”“萨姆 –7”防空导弹阵地，缴获了部分导弹系统，迅速用飞机运往美国进行研究分析，寻找对付的办法。

第七章　反舰导弹

一、反舰导弹概述

反舰导弹，是指从陆地、空中和舰艇上发射，用来攻击水面舰艇的导弹。反舰导弹通常采用固体火箭发动机，配备半穿甲爆破型战斗部，采用自主式制导、自控飞行，当导弹进入目标区，导引头自动搜索、捕捉和攻击目标。

（一）反舰导弹的历史

现代战争，反舰导弹已成为打击水面舰艇的主要武器。反舰导弹不仅可以从空中、岸上、舰上和水下发射，同一导弹也可用于不同的场合。世界上最早研制反舰导弹的国家既不是美国，也不是苏联，而是瑞典。

二战中，瑞典作为中立国，成为德国很多导弹专家的避难处，为其研制导弹提供了人才和技术基础。瑞典作为海岸线十分漫长的国家，来自海上的威胁较大，因此把研制导弹的重点放在反舰上。

1946 年，二战刚结束，西欧国家的人们才回到废墟上的家园，瑞典就开始紧锣密鼓地研制反舰导弹了。瑞典研制的第一种反舰导弹是称为“罗伯特 310”舰舰导弹，虽然研制成功了，却没有正式装备，仅用作训练弹。

1949 年 1 月，瑞典在“罗伯特 310”导弹的基础上开始发展“罗伯特 315”舰舰导弹和“罗伯特 304”空舰导弹。1954 年 1 月“罗伯特 315”首次进行发射试验，并于 1957 年装备，是西方国家装备最早的反舰导弹。

紧随瑞典之后研制反舰导弹的是苏联。二战结束后，美国国力更加强盛，海上力量迅速发展，航空母舰、巡洋舰、驱逐舰等大中舰艇得到空前壮大，而苏联则明显欠缺，为了打击美国的大中型水面舰艇，苏联不得不着手研制反舰导弹，并后来居上，比较有名的就是“冥河”反舰导弹。

俄罗斯“冥河”舰舰导弹

当时，瑞典和苏联所研制的反舰导弹体积很大，航速也低，防御起来也比较容易，所以并没有引起美国及西方其他国家的重视。直到 1967 年第二次中东战争中，埃及使用苏制“冥河”反舰导弹以小博大，击沉以色列“埃拉特”号驱逐舰后，反舰导弹才开始引起世界各国的关注，美国和西方国家也才加快了研制反舰导弹的步伐。

目前，反舰导弹已发展到第三代（也有的说是四代），正在服役的反舰导弹主要是第二代和第三代。

第一代反舰导弹是指 20 世纪 60 年代末之前服役的导弹。第一代反舰导

弹主要使用脉冲喷气发动机或涡轮喷气发动机推进，导弹尺寸大，飞行速度慢，战斗部装药量大，穿甲能力强，抗干扰能力弱，反应时间长，不太适宜攻击小型舰艇，主要通过岸、舰发射。

第二代反舰导弹是指20世纪70年代末之前服役的导弹。这一时期的反舰导弹采用火箭发动机推进，导弹体积小，可掠海飞行，反应时间短，导弹可以在飞机、舰艇和潜艇等发射平台上发射。但是，导弹的射程普遍较近，速度仍然比较低，抗干扰能力也比较差。

第三代反舰导弹是指20世纪80年代以后服役的导弹。这一代的导弹大多采用小型涡轮喷气发动机，新的微电子技术和信号处理技术，反应时间缩短，射程增大至500千米以上，一般能进行中距攻击，抗干扰能力普遍增强，飞行速度大大提高，且能超低空掠海飞行，突防能力有了较大幅度提高。主

法国AM-39“飞鱼”反舰导弹

瑞典 RBS-15 反舰导弹（右）

要代表型号有美国“鱼叉”，苏联“日炙”，法国 AM-39“飞鱼”，法德联合研制的 ANS“超音速反舰导弹”，瑞典 RBS-15，英国“海鹰”等。

（二）反舰导弹的种类

1. 根据飞行速度不同，可分为超音速和亚音速反舰导弹。

2. 根据发射方式不同，可分为空射型、舰载型、潜射型、岸射型反舰导弹。

3. 根据射程不同，可分为远程、中程、近程反舰导弹。

目前研制射程可达500千米以上远程反舰导弹的国家只有美国和俄罗斯，其他国家和地区发展的反舰导弹最大射程大都小于 300 千米。目前装备型号

日本 88 式陆基反舰导弹

和数量最多的是小型近程全固体化（即助推器和主发动机均用固体火箭）导弹，最大射程多在 15 ~ 40 千米。中程反舰导弹已研制的型号有 40 多个，其最大射程多为 150 ~ 250 千米。

（三）反舰导弹的特点

一是具有独特的飞行轨迹。反舰导弹有一个最大的特点，就是它的飞行轨迹。发射的时候，反舰导弹先爬到一定高度，然后下降高度掠海飞行，在接近目标的时候再冲高一下，从高处往下俯冲撞向目标，而且它在中段飞行期间还可以接受预警机和其他舰艇的引导。

二是反舰导弹大多为巡航导弹。反舰导弹采用飞航式以后，其最大特点是末段弹道可采用超低空掠海飞行，能够从舰船两侧击中吃水线以上装甲防护能力最弱的要害部位，易于对舰船造成致命性毁伤。

三是飞行速度较慢。由于舰艇行驶的速度比飞机低得多，机动性比较差，体积又比较大，因而对反舰导弹飞行速度的要求不如防空导弹和空空导弹那样高，其机动性的要求也不如地空导弹那样强。除苏联/俄罗斯按亚、超声速并举原则同时研制和装备有亚声速和超声速反舰导弹外，美国和西欧诸国列装的导弹均为亚声速型号。

（四）反舰导弹的未来

一是平台多样化。如“飞鱼”导弹既能舰射、潜射，又能空射。今后，将优先发展空舰型反舰导弹。因为这种导弹不仅能攻击海上航行的舰艇，而且能攻击停泊在海湾内、岛屿旁被其他舰艇守卫的舰艇。

二是采用新的制导方式和多种抗干扰措施。现有反舰导弹的惯性制导、末段主动雷达寻的制导等制导方式，易受对方电子干扰。为此，一些国家正把红外成像、激光雷达制导等制导技术应用于新研制的反舰导弹之中。此外，一些国家还采用复合导引头和频率捷变技术，以提高反舰导弹制导系统的抗干扰能力。

三是采用隐身技术。目前，许多国家在研制新一代反舰导弹时，也引进了隐身技术，并且已初见成效，这将大大降低导弹被发现的概率，提高其突

防能力。

四是采用变轨技术。为了满足突防的需要，越来越多的反舰导弹采用变轨技术，从而大大增加舰艇防御的难度。

五是提高反舰导弹的飞行速度。目前，以俄罗斯为代表的一些国家认为，超音速导弹可缩短防御方反应时间，使攻击方难以组织起有效的反应，因此，主张发展超音速反舰导弹。

二、经典反舰导弹

（一）美国 AGM-84 反舰导弹

AGM-84 反舰导弹是美国海空军现役最主要的反舰武器。该弹由美国麦道宇航公司研制，可以从飞机、水面军舰和潜艇上发射，编号 AGM-84，绰号“鱼叉”（Harpoon），也有的译为“捕鲸叉”。

该弹共有 AGM-84 空射型、RGM-84 舰射型、UGM-84 潜射型、AGM-84 陆射型 4 种，共有 AGM-84A、AGM-84B、AGM-84C、AGM-84D、AGM-84E、AGM-84F、AGM-84G、AGM-84H、AGM-84K 等多种型号。导弹于 1969 年开始方案论证，1977 年 3 月研制结束，1979 年列装。AGM-84E 称为“斯拉姆”（SLAM），具有自动目标截获能力，是美国海军装备的主要精确制导防区外武器。

AGM-84A 最大射程为 110 千米。AGM-84B 为 130 千米。AGM-84C 为 220 千米。AGM-84D 重 540 千克，弹长 3.85 米，弹径 0.343 米，翼展 0.914 米，飞行速度 0.85 马赫，战斗部重 221 千克，射程 220 千米。RGM/UGM-84D 重 690 千克，弹长 4.63 米，射程 140 千米。AGM-84F 重 635 千克，弹长 4.44 米，射程 315 千米。AGM-84H/K 重 725 千克，弹长 4.37 米，翼展 2.43 米，战斗部重 360 千克，射程 280 千米。

导弹采用惯性制导 + 主动雷达制导，其中，AGM-84E 在导弹距离目标 926 米时还可以更改命中点。导弹初期弹道高度为 700 ~ 800 米，导弹进入末段时，才将高度降至离海平面数米，并打开主动雷达搜寻目标，从而避免

过早地开启雷达被敌方发现。

AGM-84 系列导弹具有精度高、威力大、通用性和维修性好等特点，可装备多种作战飞机、舰艇和潜艇，适用于现有的飞机、舰艇上的发射架以及潜艇上的标准鱼雷发射管发射。

美国空射型“鱼叉”反舰导弹

主要参数（AGM-84E）			
重　　量	627 千克	飞行速度	0.85 马赫
弹　　长	4.5 米	弹头类型	穿透破片弹
弹　　径	0.343 米	制导方式	惯性加主动雷达制导
翼　　展	0.914 米	动力系统	涡喷发动机
最大射程	93 千米		

（二）俄罗斯“冥河”舰舰导弹

“冥河”（Styx）是苏联早期研制的近程亚音速飞航式舰舰导弹。该弹由彩虹设计局研制，设计代号4K40，军方代号P-15，绰号“白蚁”（Termite），北约和西方国家代号SS-N-2，绰号“冥河”。

该弹以Yak-1000试验飞机为基础，共有A、B、C三种主要型号。其中，SS-N-2A于1951年开始研制，1960年装备苏联海军，装有固定式翼展；SS-N-2B比SS-N-2A尺寸略小，1965年研制，1968年装备部队，翼展为折叠式；SS-N-2C比SS-N-2A尺寸略大，1972年开始生产。

聚能穿甲战斗部重454千克，采用中段自动驾驶仪和末段主动雷达寻

主要参数	
重　　量	2125 千克（SS-N-2A），2573 千克 (SS-N-2C)
弹　　长	6.425 米（SS-N-2A），6.665 米 (SS-N-2C)
弹　　径	0.76 米
翼　　展	2.4 米
最大射程	40 千米（SS-N-2A），80 千米 (SS-N-2C)
飞行速度	0.7 马赫（SS-N-2A），0.9 马赫 (SS-N-2C)
弹头类型	聚能穿甲弹
制导方式	自动导航，主动雷达制导
动力系统	液体火箭发动机

俄罗斯“冥河”舰舰导弹

的复合制导，装有 1 台液体火箭发动机和 1 台固体火箭助推器，飞行速度 0.7~0.9 马赫，巡航高度 100 ~ 300 米，最大射程 40 千米（SS-N-2C80 千米）。

该弹主要装备“蚊子”级、“黄蜂”级等小型导弹快艇，作为近岸防御武器使用，用以攻击大中型水面舰艇。在 1967 年的第三次中东战争中，埃及在塞得港附近发射 2 枚“冥河”导弹击沉 1 艘以色列商船；在西奈半岛附近用 4 枚“冥河”导弹击沉以色列“埃拉特”号驱逐舰。在 1971 年的印巴战争中，印度发射 13 枚“冥河”导弹，其中有 12 枚命中，击沉巴基斯坦的“凯巴鲁”号驱逐舰、“穆罕菲兹”号扫雷艇，重创“巴德尔”号驱逐舰；在对巴基斯坦卡拉奇港的攻击中，3 座油库被炸毁，港口遭受巨大损失。

作为一种早期型反舰导弹，由于受制导系统的限制，SS-N-2 实际射程通常为 5.5 ~ 27 千米，而且导引头捕捉小型舰艇能力弱，抗干扰能力较差。1973 年的第四次中东战争中，埃及和叙利亚发射的 50 枚“冥河”导弹竟然没有一枚命中以色列的导弹快艇。

（三）俄罗斯 SS-N-22 反舰导弹

SS-N-22 是俄制“现代”级驱逐舰的主要反舰武器。该弹由苏联彩虹设计局研制，系统代号 3M-80，绰号“白蛉”（Moskit），西方国家和北约组织代号 SS-N-22，绰号“日炙”（Sunburt）。

该弹于 20 世纪 70 年代初期开始研制，1980 年服役，针对美国海军“宙斯盾”武器系统的 SPY-1 相控阵雷达和“标准 -2”型中程导弹的杀伤空域而设计，主要用于对付美国当时正在发展的装有“宙斯盾”武器系统的“提康德罗加”级导弹巡洋舰。

SS-N-22 共有 3M-80 基本型、3M-80E、3M-80E1 三种型号。其中，3M-80 为基本型，射程 90 千米，单发命中概率 94%；30-80E, 也称 K-31，射程增大至 120 千米，其余性能同基本型；3E-80E1，也称 Kh-41 巡航飞行高度 20 米，末段为 7 米，其余性能同基本型。

SS-N-22 是世界上第一个使用整体式组合冲压发动机的超音速反舰导弹，常规战斗部重 300 千克，也可装备 20 万吨 TNT 当量的核战斗部。导弹首先使用第 1 台固体火箭发射，然后涡喷发动机推动导弹以 0.7 马赫巡航，距目标 60 千米时，第 3 级分离，第 2 台固体火箭工作，导弹以 2.3 马赫的速度攻击目标。

导弹采用惯性制导、主动雷达和被动雷达制导 3 种模式，具有很强的抗

干扰能力，当受到干扰时，还可以对干扰源进行跟踪。该弹号称“航空母舰”的杀手。导弹到达射程 90 千米处，仅需 2 分钟时间，可在“宙斯盾”系统完成探测、跟踪、锁定、判断、发射、导弹制导程序之前到达目标舰的防御区。俄方声称，1 ~ 2 枚导弹可使 1 艘驱逐舰失去战斗力，1 ~ 5 枚可击沉 1 艘 2 万吨级的商船（或 1 艘航母）。

主要参数

重　量	4150 千克（3M-80E）,3970 千克 (3M-80E1)	飞行速度	3 马赫
弹　长	9.385 米	弹头类型	常规半穿甲 / 核战斗部
弹　径	0.8 米	制导方式	惯性 / 主 / 被动雷达制导
翼　展	2.1 米	动力系统	涡喷发动机
最大射程	120 千米 (3M-80E),100 千米（3M-80E1）		

俄罗斯 SS-N-22 反舰导弹

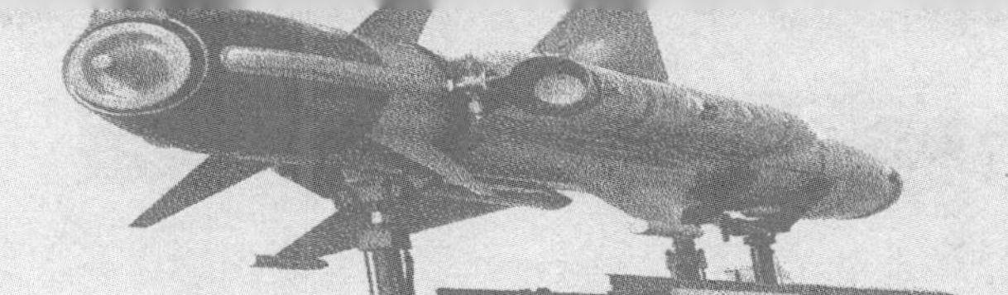

（四）俄罗斯“俱乐部”反舰导弹

“俱乐部”（Club）是20世纪80年代苏联研制的一种多用途反舰导弹系统。该弹在SS–N–21的基础上发展而来，北约编号SS–N–27。导弹由诺瓦托设计局（也称革新家设计局）于1985年研制，1993年在莫斯科航展上首次展出，2000年开始向印度出售。

该弹共有两种型号：一种是“俱乐部–S”潜射导弹，从标准533毫米鱼雷发射管发射；另一种是“俱乐部–N”，装备水面舰艇，从通用的导弹垂直发射装置或箱式发射装置发射。“俱乐部–S”和“俱乐部–N”的配置基本相同，主要区别是采用的导弹发射装置不同。

“俱乐部”配有3M–54E、3M–54E1反舰导弹，3M–14E为对地攻击导弹，91REl、91RE2为反潜导弹。其中，“俱乐部–S”使用的是3M–54E和3M–54E1为潜舰导弹、3M–14E为潜对岸导弹、91REl为反潜导弹；“俱乐部–N”使用的是3M–54E和3M–54E1舰舰导弹、3M–14E为舰对岸导弹、91RE2为反潜导弹。

3M–54E弹体呈圆柱形，头部呈尖锥形，弹体中部有一个可绕中心轴转动的“—”字形弹翼，折叠时位于导弹的背上，飞行时展开，导弹尾部有4片“十”字形配置的二次折叠的尾翼，导弹腹部有一个埋入式进气口。

导弹长8.22米，弹径0.533米；重2300千克，战斗部重200千克；中

段采用惯性导航，末段采用主动雷达制导；采用固体燃料火箭发动机和涡喷发动机混合动力装置；巡航高度 20 米，末段高度 4.6 米；巡航速度 180 ~ 240 米 / 秒（0.6 ~ 0.8 马赫），打击目标时 1000 米 / 秒（2.9 马赫）；最大射程 220 千米。

潜射反舰导弹的攻击全程可分为三个阶段。第一阶段为助推段，导弹从潜艇发射后，在助推火箭发动机作用下，爬升至海面以上 50 米高度，此时第一级助推段被抛离、打开折叠式弹翼和尾翼、伸出腹部发动机进气口、启动 TRDD-50 涡喷发动机。

第二阶段为巡航段，在涡喷发动机的作用下导弹下降至海面 20 米高度，以 180 ~ 240 米 / 秒的巡航速度飞行。距敌舰 30 ~ 40 千米时，导弹再次爬升，主动雷达导引头开始工作。ARGS-54 雷达导引头长 0.70 米，直径 0.42 米，重 40 千克，最大作用距离 60 千米。

第三阶段为攻击段，导引头探测并锁定目标后，此时第二级弹体被抛离，启动弹头的固体火箭发动机，弹头进入俯冲加速，在距敌舰 20 千米时高度下降至海面 3 ~ 5 米，弹头以 1000 米 / 秒的速度对敌舰发起攻击。

3M-54E1 为亚音速反舰导弹，导弹长 6.2 米，弹径 0.533 米；发射重量 1780 千克，战斗部重 400 千克；中段采用惯性导航，末段采用主动雷达制导；巡航高度 20 米；巡航速度 180 ~ 240 米 / 秒，打击目标时 240 米 / 秒；最大射程 300 千米。该弹虽然飞行速度低于 3M-54E，但战斗部重量却是 3M-54E 的两倍。

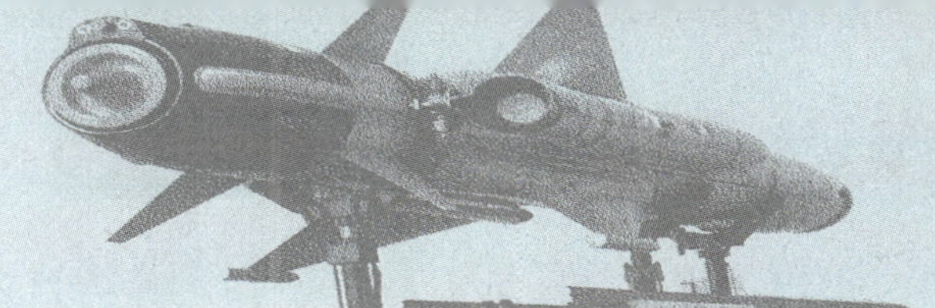

3M-14E 用于打击岸上目标，导弹长 6.2 米，弹径 0.533 米，发射重量 1780 千克，战斗部重 450 千克，飞行速度 180 ~ 240 米 / 秒，最大射程 300 千米。导弹采用惯性导航，装有气压式高度表和 GLONASS 卫星导航接收机。

91RE1 为反潜导弹，导弹长 7.65 米，弹径 0.533 米，发射重量 2050 千克，战斗部为水声导引头的鱼雷，重 76 千克，采用惯性制导，最大射程 50 千米，飞行速度 2.5 马赫。

主要参数（3M-54E）

重　　量	2300 千克	最大射程	220 千米
弹　　长	8.22 米	发射方式	潜艇水下发射
弹　　径	0.533 米	动力系统	固体火箭发动机加涡喷发动机
制导方式	惯性加主动雷达制导		

俄罗斯“俱乐部”3M-54E 反舰导弹

（五）以色列“迦伯列”反舰导弹

“迦伯列”（Gabriel），有的也称“加布里”，是以色列海军和空军装备使用的远距全天候掠海飞行反舰导弹。该弹由以色列飞机工业公司研制，共有“迦伯列 –1”“迦伯列 –2”“迦伯列 –3”“迦伯列 –3A/S”“迦伯列 –4”等型号。

“迦伯列 –1”于 1962 年研制，1968 年投产，1973 年 10 月用于第四次中东战争。导弹长 3.35 米，弹径 0.33 米，翼展 1.35 米，重 430 千克，采用半主动雷达制导，飞行高度 2.5 米，速度 0.6 马赫，射程 20 千米。

“迦伯列 –2”在“迦伯列 –1”的基础上改进而成，于 1972 年开始研制，1976 年开始服役，并将生产技术出售给中国台湾和南非，分别命名为“雄风 –1”（Hsiung Feng 1）和“天蝎座”（Skorpion）。导弹长 3.36 米，弹径 0.33 米，翼展 1.35 米，重 522 千克，战斗部重 100 千克，飞行高度 2.5 米，采

主要参数（“迦伯列”-3AS）			
重　　量	590 千克	飞行速度	0.73 马赫
弹　　长	3.78 米	弹头类型	半穿甲高爆弹
弹　　径	0.33 米	制导方式	惯性 + 主动雷达制导
翼　　展	1.08 米	动力系统	固体火箭发动机
最大射程	60 千米		

以色列“迦伯列-1”反舰导弹

用半主动雷达制导，射程 6 ~ 32 千米。

“迦伯列 -3”在“迦伯列 -2”的基础上于 1978 年开始研制，1980 年开始服役。弹长 3.75 米，弹径 0.33 米，翼展 1.32 米，弹重 560 千克，战斗部重 150 千克，飞行高度 2.5 米，采用半主动雷达制导，射程 36 千米。

“迦伯列 -3A/S”是“迦伯列”系列导弹的第一个空舰型。该弹在“迦伯列 -3”的基础上改进而成，1982—1984 年在 A-4 攻击机上试飞，1984 年开始投产，1985 进入以色列海 / 空军服役。其中，A 为空射型、S 为舰射型。

“迦伯列 -4”为远距离反舰导弹。该弹在气动外形布局和内部舱段结构上，与“迦伯列 -3A/S”相似，但弹翼和舵面的形状、大小略有变化，以适应远距巡航要求。导弹长 4.7 米，弹径 0.44 米，翼展 1.6 米，重 960 千克，战斗部重 240 千克，采用惯性制导 +GPS 修正加主动雷达制导，装有 1 台涡轮喷气发动机和 1 台固体火箭助推器，射程 200 千米。

（六）英国“海鹰”P·3T 反舰导弹

“海鹰”（Sea Eagle）P·3T 是英国装备的第二代中远程空对舰导弹。该弹由英国航空航天公司研制，具有全天候、防区外、“发射后不用管”、掠海飞行等特点，主要装备“山猫”“海王”“美洲虎”等直升机，用于攻击各种水面舰艇，1 枚导弹即可击沉 1 艘小型舰艇或重创 1 艘巡洋舰和航空母舰。

该弹在采用电视制导的“马特尔”AJ·168 空舰导弹基础上发展而来，最初代号为 P·3T，后命名为“海鹰”。导弹于 1976 年开始研制，1981 年 4 月首次试射，1982 年开始投产，1984 年全面投产，1984 年年底交付部队使用，1992 年停产，生产数量 1200 枚。

导弹采用与“玛特尔”AJ·168 相同的正常式气动外形布局，弹体为圆柱形，4 片固定式大切梢三角形弹翼位于弹体中后部，4 片全动式小三角形舵面位于弹体尾部，弹翼和舵面处于同一平面。

弹体由导引头舱、控制舱、战斗部舱和尾舱 4 个部分组成。导引头舱内装有导引头及其电子设备。控制舱内装有飞行姿态控制装置、雷达高度表、飞行控制计算机、自动驾驶仪速率陀螺、加速度表、热电池组等制导控制设备。战斗部舱内装有战斗部、安全保险装置和引信。尾舱装有主燃料箱、2 个辅助燃料箱、1 台涡喷发动机。

导引头为马可尼公司研制的J波段（10 ~ 20千兆赫）脉冲主动雷达导引头，探测距离30千米，可同时在距离和方位两个坐标上进行快速搜索。半穿甲爆破战斗部重230千克，配有触发适时和近炸引信。此外，战斗部还可以换装为核战斗部。

火控系统主要由火控计算机和显示器等组成。探测雷达将获得的目标数据和飞机本身位置及运动数据输入火控计算机进行处理，编制飞行程序，提供显示，并将飞行程序和有关数据传递给弹上计算机，操作员可根据显示的情况进行监控，或选择人工方式发射。

英国“海鹰”P·3T反舰导弹

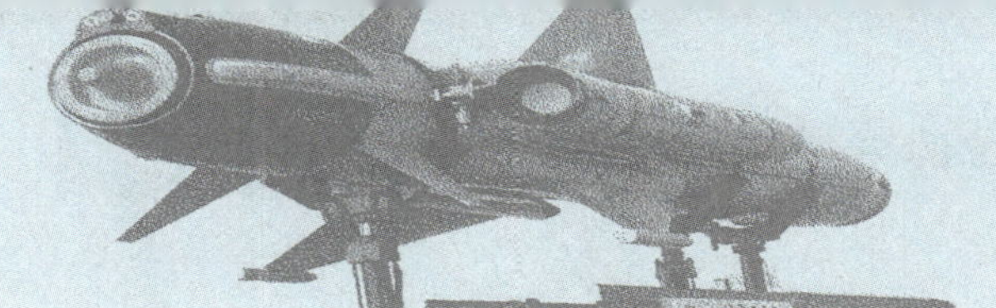

主要参数	
重　　量	580 千克
弹　　长	4.14 米
弹　　径	0.4 米
翼　　展	1.2 米
最大射程	110 千米
飞行速度	0.85 马赫
弹头类型	半穿甲弹
制导方式	惯性导航 + 主动雷达末制导
动力系统	涡喷发动机

（七）法国“飞鱼”反舰导弹

“飞鱼”（Exocet）是一款由法国研发制造的反舰导弹。该弹由欧洲著名的军火制造商法国航太公司研制。据说，该弹受热带海洋中一种名为“飞鱼”的启发而发明，这种鱼不仅在水中会游泳，还能在水面以上飞翔。

“飞鱼”导弹共有 MM-38 舰舰导弹、AM-39 空舰导弹、SM-39 潜舰导弹、MM-40 岸舰导弹等多种型号。其中，MM-38 于 1967 年开始研制，导弹长 5.20 米，弹径 0.348 米，翼展 1.0 米，重 750 千克，半穿甲延时破片杀伤战斗部重 165 千克，装药 42 千克，可穿透 12 毫米厚的钢板，动力装置为二级固体燃料火箭发动机，飞行速度 0.93 马赫，巡航高度 15 米，末段飞行时视情况可降至 8 米、4.5 米、2.5 米，最大射程 42 千米，采用惯性 + 主动雷达制导，命中概率 95%。

导弹系统由导弹、雷达、指挥车等构成，以连为基本作战单位，每个连编有 1 个指挥所、4 个发射排、1 个运输排和 1 个维修班。每个发射排配备 2 辆发射车，每车装 2 枚导弹；运输排配备 2

主要参数（AM-39）	
重　　量	655 千克
弹　　长	4.69 米
弹　　径	0.348 米
翼　　展	1.10 米
最大射程	70 千米
飞行速度	0.93 马赫
弹头类型	半穿甲爆破弹
制导方式	惯性 + 主动雷达制导
动力系统	二级固体火箭发动机

法国 AM-39“飞鱼”反舰导弹

辆运输车，每车装载4枚导弹；维修班配备1辆维修车。

AM-39在MM-38基础上改进而成，于1972年开始研制，1978年投产，1980年服役。AM-39通常挂在巡逻机的弹舱内、攻击机的机翼下和直升机的腹下或短翼下。导弹长4.69米，弹径0.348米，弹径1.10米，重655千克，战斗部重165千克，飞行速度0.93马赫，发射高度50～10000米，巡航高度2.5～15米，射程50～70千米，命中概率90%。

SM-39长5.80米，翼展1.14米，重666千克，射程50千米。MM-40在MM-38基础上改进而成，于1973年开始研制，该弹长5.80米，弹径0.348米，翼展1.14米，重855千克，战斗部重165千克，飞行速度0.93马赫，巡航高度15米，末段飞行高度3～5米，最大射程65千米，采用惯性+主动雷达制导，在平静海平面情况下1分钟可以发射导弹4枚，命中概率95%。

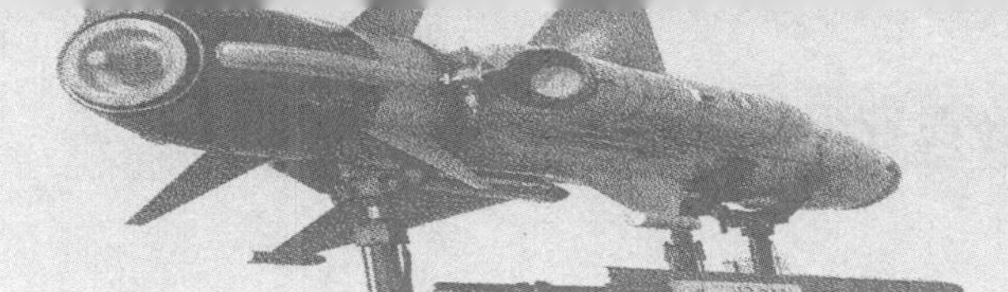

（八）意大利和法国“奥托马特”反舰导弹

“奥托马特”（Otomat）是意大利奥托·梅莱拉公司（Otomelara）和法国马特拉公司（Matra）联合研制的一种多用途舰舰导弹。该弹于1969年开始研制，1972年进行首次飞行试验，1975年完成作战鉴定飞行试验，1977年投入批量生产并装备部队。

该弹经过多次改进后，现有MK1、MK2、MK3、MK4（也称“特西欧”3型）4种型号。导弹由导引头、战斗部、仪表段、燃料段和发动机部分组成，头部呈蛋形，中部为圆柱体，尾部为锥柱形，装有4个弹翼和4个尾舵。

MK1弹长4.82米，直径0.4米，翼展1.2米，重770千克，装有2台固体火箭助推器和1台涡喷发动机，巡航高度30米，巡航速度0.7～0.93马赫，主巡航段采用惯性制导，末段采用主动雷达制导。有效射程60千米，最大射程80千米。射程60千米时命中率90%，80千米时命中率80%。

导弹采用箱式发射装置发射，发射时不需要载舰将航向对准目标。半穿甲爆破型战斗部重210千克，内装65千克高能炸药，可穿透38毫米厚钢质装甲，延时触发引信可使弹体穿入目标后爆炸，1枚导弹即可使1艘驱逐舰丧失战斗力。

MK2在MK1型的基础上改进而成，1984年服役。弹长减为4.46米，弹翼改为折叠式，翼展增至1.36米，巡航高度25米，制导方式改为中段修

正制导，射程增至 120 千米。

MK3 在前两型的基础上进行重大改进，于 20 世纪 90 年代中期推出。装有超视距制导系统，射程增至 180 千米；弹体上涂有吸波材料，具有一定的隐身能力；导引头配装新的弹载计算机和加强型导航系统，抗干扰能力进一步提高。

MK4 具有反舰和对地攻击两种用途，可由水面舰艇、战斗机、海上巡逻机等多种作战平台发射。弹体采用多棱形设计，弹头改为流线式“鸭嘴”形，隐形性能大为改善；采用红外成像和雷达制导双模制导，抗干扰性能优良；加装 GPS 接收机、雷达信号处理器和双向数据链路，可在飞行中重新瞄准目标；具有变速飞行能力，巡航段以高亚音速飞行，接近目标时改为跨音速飞行，可躲避对方近程防御系统的拦截，最大射程增至 300 千米。

意大利和法国“奥托马特 MK2”反舰导弹

主要参数（“奥托马特”MK3 型）			
重　量	770 千克	飞行速度	0.9 马赫
弹　长	4.46 米	弹头类型	半穿甲弹
弹　径	0.4 米	制导方式	惯性 + 超视距修正制导 + 末端主动雷达制导
翼　展	1.36 米		
最大射程	180 千米	动力系统	涡喷发动机

（九）瑞典 RBS-15 反舰导弹

RBS-15 是瑞典自行研制的一种中程反舰导弹。该弹由瑞典萨伯飞机集团公司所属博福斯动力公司研制，2003 年德国迪尔公司加入研制行列。导弹共有 RBS-15M 舰舰、RBS-15F 空舰、RBS-15G 岸舰、潜舰等多种型号。

RBS-15 采用圆柱形弹体，卵形弹头，锥柱形尾部。靠近弹头处有 4 个十字形配置的鸭式控制翼，后部有 4 个 × 形配置的折叠弹翼，弹翼后缘有副翼，鸭式翼和弹翼相互错位 45 度。导弹分为导引头舱、战斗部舱、设备舱、燃料舱、发动机舱 5 个舱段。

RBS-15M 为第一种量产型反舰导弹。该弹于 1977 年开始论证，1979 年正式开始研制，1983 年定型生产。导弹高爆半穿甲战斗部重 200 ~ 250 千克。

动力装置为 1 台 TRI60-2-077 型涡喷发动机，外加 2 台固体火箭助推器。该弹是西方国家唯一一种带有可抛式外挂推进器的水面舰艇反舰导弹，导弹起飞时由 2 个固体火箭助推器提供动力，达到巡航高度时将助推器抛掉。导弹射程 70 ~ 150 千米，中段采用程序、惯性、高度表制导，末段采用主动雷达制导，接近目标时采取低空掠海飞行（2 米左右）以躲避敌方雷达探测。

RBS-15F 为空射反舰导弹。该弹于 1982 年中期开始研制，1986 年开始服役。弹长 3.35 米，弹径 0.5 米，翼展 1.4 米，发射重量 598 千克，半穿甲

爆破型战斗部重 200 ~ 250 千克，飞行速度 0.8 马赫，射程 70 ~ 150 千米。与 RBS-15M 相较，RBS-15F 省去 2 个助推火箭，并可选择触发或近炸引信。

RBS-15G 为岸基反舰导弹。该弹于 1984 年开始研制，弹长 3.35 米，弹径 0.5 米，翼展 1.4 米，发射重量 770 千克，高爆半穿甲战斗部重 200 ~ 250 千克，飞行速度 0.8 马赫，射程 70 ~ 150 千米。

1983 年，瑞典开始研制 RBS-15 潜射反舰导弹，以及配合开发一种垂直发射器。潜射型 RBS-15 储存于压力容器内，潜艇在水下将压力容器射出，浮出水面后，导弹点火升空。该弹长 4.35 米，配有高爆半穿甲战斗部，每艘潜艇两侧装有四管垂直发射器，导弹最大射程 200 千米。

2003 年，博福斯动力公司和德国迪尔公司签署协议，共同合作开发、生产和销售新型 RBS-15 MK3 型反舰导弹。RBS-15 MK3 是一种“发射后不用管”的反舰导弹，可以全天候使用，不受天气限制。该弹长 4.45 米，弹径 0.5 米，翼展 1.4 米，不带助推器重 630 千克，带助推器重 800 千克，战斗部重 200 千克，射程大于 200 千米。

RBS-15 MK3 采用新的导引系统，除保留末段主动雷达导引外，引进有 GPS 中途导引机制。此外，导引系统可以预先采取编程方式设定航道与转折点，导弹可以通过 GPS 定位计算本身位置，按照提前预置的飞行程序飞向目标，还可以根据预先拟定的攻击计划，让先后发射的一批导弹沿着不同的航道路径，在同一时间从不同方位对敌方舰船实施攻击。

瑞典 RBS-15 反舰导弹

主要参数（RBS-15M）	
重　　量	770 千克
弹　　长	3.35 米
弹　　径	0.5 米
翼　　展	1.4 米
最大射程	150 千米
飞行速度	0.8 马赫
弹头类型	半穿甲高爆弹
制导方式	主动雷达制导
动力系统	涡喷发动机 +2 台固体火箭助推器

（十）日本 ASM 反舰导弹

ASM 是日本 20 世纪 70 年代初期以来研制的系列空射反舰导弹。该弹由日本防卫厅技术研究本部第三研究所和三菱重工株式会社研制，共有 ASM-1、ASM-2、ASM-3 三种型号。

ASM-1 于 1973 年开始研制，1977 年进行第一次空中发射飞行试验，1979 年 8 月完成定型试验，1980 年投入批量生产，1981 年正式装备日本航空自卫队，军用编号 80 式空射反舰导弹，弹长 3.98 米，弹径 0.35 米，翼展 1.19 米，重 600 千克，半穿甲爆破战斗部重 200 千克，发射高度 760 ~ 3048 米，最大射程 50 千米，巡航高度 15 米，飞行速度 0.9 马赫。可由 F-1、F-4J、FS-X 战斗机和 P-3C 反潜巡逻机携带，命中概率可达 90%。导弹外形与美国“鱼叉”反舰导弹非常相似。

ASM-2 也称“93 式”空射反舰导弹。该弹于 1987 年开始研制，1992 年完成实弹飞行试验，1993 年完成定型试验，并进行小批量生产。1995 年正式装备日本航空和海上自卫队。该弹与 ASM-1 在外形上十分相似，塑料乳性炸药战斗部重 200 千克，在当今世界各国装备的反舰导弹中，采用红外制导的型号非常少见，射程超过 170 千米的仅 ASM-2 一家。

ASM-3 于 2006 年 10 月出现在一本日本军事刊物上。从照片上看，ASM-3 型导弹的尺寸大于 ASM-1 和 ASM-2，弹体只有一组安装于弹尾的 3 片控制面，3 个舵面的夹角为 120 度。导弹采用特有的整体火箭冲压发动机

技术，弹体下方有两个冲压发动机进气口，据称该弹飞行速度可达 5 ~ 7 马赫，并具有一定的隐身能力，可采取准弹道方式从高空进行突防，到达末端实施大角度俯冲攻击。

主要参数（ASM-2）	
重　　量	530 千克
弹　　长	4.0 米
弹　　径	0.35 米
翼　　展	1.2 米
最大射程	170 千米
飞行速度	0.93 马赫
弹头类型	穿甲爆破弹
制导方式	惯性导航 + 红外成像制导
动力系统	涡喷发动机

日本 F-2A 战机加挂 ASM-3 高超音速反舰导弹（白色）

三、反舰导弹背后的故事

（一）航母替罪羊

1982年4月2日，英阿马岛战争爆发。为了夺回马尔维纳斯群岛，英国组建了特遣舰队。然而，英国本土距马尔维纳斯群岛1万多千米，这让本就数量有限的英国补给舰显得更加力不从心。无奈之下，英国不得不临时征用大量的商船为特遣舰队提供补给。

在43艘商船中，“大西洋运送者”号可谓是一个大块头。平时，英国的“竞技神”号和“无敌”号航空母舰一共才搭载10架“海鹞”式垂直起降战斗机和18架“海王”式直升机。开战后，虽然这两种飞机数量分别增至20架和33架，但面对阿根廷100多架较为先进的战斗机，在飞机数量上，英国明显不占优势。

作战过程中，英军不仅要对战斗损失的飞机进行补充，而且还必须将需要进行较大检修的飞机运到其他地方，以便为新到的飞机腾出甲板。4月14日，排水量14946吨的“大西洋运送者”号集装箱滚装船成为了首批征用的对象。

通常情况下，“大西洋运送者”号航速22节，船上配有34名船员。该船有6层甲板，由斜道互相连接，露天式上甲板通往船尾斜跳板，还有一个巨大的平坦甲板延伸到船尾的驾驶台，船尾斜跳板能够降低高度，可搭在固定式码头上。

为了满足飞机起降作业要求，船上安装了甲板着落灯、强光灯和跑道指示灯，加装了一套航空油料过滤和泵压设备，专门安装了一个真空密封轻便贮存罐，装有5吨极易燃料的液态氧。另外，为了满足战时需要，海军又派驻了一个100人的专业队伍。

4月25日，改装完成的“大西洋运送者”号搭载4架“支奴干”运输机开始启航。5月5日，到达阿森松岛，在这里又装上了8架“海鹞”式垂直起降飞机和6架英国皇家空军的“鹞”式GR3型对地攻击机以及其他飞机，船上飞机数量达到25架。

5月19日，“大西洋运送者”号到达英军海上封锁区，船上的14架“鹞”式飞机飞到了“竞技神”号和“无敌”号航空母舰上。此时，英军航空母舰的20架“鹞”式战斗机3架战损，仅剩有17架。

1982年5月25日，阿根廷的国庆日，阿军决定搞点大动作。当天，阿根廷空军和海军航空兵倾巢出动，对驻守在圣卡洛斯港的英国皇家海军发起了猛烈攻击。圣卡洛斯港上空战机轰鸣，海面上硝烟弥漫。

5月25日上午，“大西洋运送者”号在“考文垂”号驱逐舰的护卫下开始向圣卡洛斯港接近，准备为已经登陆的英军提供弹药、给养。不料，他们的行动早已进入阿军的警戒雷达监视之中。

10时30分，阿军5架A–4攻击机低空进入，用500磅炸弹直接命中英国驱逐舰“考文垂”号，这艘“谢菲尔德号”的姊妹舰很快在马岛以北沉没，舰员伤亡各20人。

望着来势汹汹的阿根廷战机，“大西洋运送者”号的舰长伊恩·诺斯迅速做出了一个“聪明”的判断，大树底下好乘凉，决定向“无敌”号航空母舰靠近，而且靠得越近就越安全。于是，在他的指挥下，“大西洋运送者”号快速向“无敌”号靠拢。

此时，在马岛东面，阿空军2个4机编队的天鹰式攻击机群，穿过云层，突然向下俯冲，以超低空直奔英军2艘大刀型护卫舰。炸弹击穿了一艘军舰的尾部，击毁了一架正在高速旋转准备升空的“山猫”直升机。

17时，阿海军2架“超级军旗”战斗轰炸机起飞，任务是攻击英皇家海军的“无敌”号航空母舰。在距英军舰队约80千米处，阿飞行员的机载雷达发现了目标。

17时30分，阿飞行员在距英舰约40千米处低空发射飞鱼导弹2枚，然后急速返航。

与此同时，英军舰载侦察系统也发现了阿军飞机，舰队立即进入了一级防空戒备状态。4架担任拦截任务的“鹞”式战斗机和1架担任电子干扰任务的“山猫“直

升机迅速起飞。但英机未能追上已经退出的“超级军旗”飞机，却发现了2枚“飞鱼”导弹。

发现2枚“飞鱼”导弹袭来后，英军立刻从航空母舰上和直升机上发射干扰箔条，大量的铝箔条在“飞鱼”导弹的前方形成了一股强大的电子干扰波束。2枚“飞鱼”迷失了方向，向“无敌”号右侧飞去，英军干扰奏效。

“飞鱼”冲出干扰区后，弹上的自动寻的雷达突然意外地捕捉到一个大型目标的反射回波，于是，导弹循着反射波飞了过去。

产生这个反射波的正是“大西洋运送者”号。此时，“赤手空拳”的“大西洋运送者”号没有任何办法应对，只能眼睁睁地看着“飞鱼”导弹朝向自己冲过来。数秒钟过后，2枚“飞鱼”导弹扎入“大西洋运送者”号的船舷，在船尾左舷炸开了一个直径近2米的大洞，猛烈的爆炸引发熊熊大火，冰冷的海水迅速涌入船舱，当时就有3人死亡，还有9人跳入大海后冻死。

“大西洋运送者”号被击中后，英军舰队司令伍德沃德急忙调战舰救援，但无济于事。或许是心中冤屈，三天后，这艘冤枉的替罪“航母”才完全沉入大洋。随它沉没的还有3架“支奴干”运输直升机和6架“威赛克斯”直升机，以及船上大量的装备和补给品。

（二）导弹袭船战

1980年，两伊战争爆发。战至1984年3月，双方陷入了僵持状态。

此时，伊拉克总统萨达姆意识到已无力和伊朗进行进一步的消耗，于是他想出一个毒计，决定使用空军飞机发射导弹、投掷炸弹和发射炮火，袭击进出伊朗的油船，破坏伊朗的经济，并试图将美国、苏联等大国拖入战争，迫使他们对伊朗施加压力从而结束战争。

其实，早在1983年10月，萨达姆就公开宣称伊拉克有5架战机携带“飞鱼”导弹将袭击进出伊朗的油船。而伊朗宗教领袖霍梅尼则放话称，一旦伊朗的油船或海上石油设施遭到袭击，伊朗将立即封锁霍尔木兹海峡。

此后约半年时间，双方一直都在打嘴架，并未见有什么行动。1984年3月1日，萨达姆终于坐不住了。这天，伊拉克出动法制“超级大黄蜂”直升机发射AM-39飞鱼导弹袭击了4艘无辜民船，造成3沉1伤。

3月27日，伊拉克的法制“超军旗”战斗机发射“飞鱼”袭击了4艘无辜民船，这其中就包括一艘倒霉的巴拿马籍油船。

3月28日，伊朗开始了报复行动。伊朗空军派出F-4战斗机，使用美制AGM-65“小牛”电视制导导弹，对靠近巴林的一艘科威特油船进行了袭击。

第三天，伊拉克的“超级大黄蜂”直升机发射“飞鱼”导弹袭击民船，又造成1沉1伤。4月18日，伊拉克“超军旗”战斗机发射“飞鱼”导弹击伤1艘民船，25日再击沉1艘，27日又击伤1艘。

野蛮的袭船战愈演愈烈。5月13、16、24、25日，伊朗袭击民船；14、18、26、31日，伊拉克袭击民船。仅在7月1日这一天时间里，伊拉克的“超级大黄蜂”直升机就袭击了7艘民船，造成2艘沉没，1艘搁浅。

你来我往的“袭船战”导致伊朗的石油出口由每天的180万桶锐减至70万桶，伊朗的财政受到了严重影响，不得不放弃封锁霍尔木兹海峡。到1985年2月，共有108艘船只遭到两伊飞机导弹的袭击，其中伊拉克袭击84艘，伊朗袭击24艘。

据统计，1984年就有69艘商船和油船遭到袭击，1985年为53艘，1986年达到106艘，1987年达到178艘，创三年袭船战的最高峰。由于袭船战愈演愈烈，两伊双方深受其害，但又不能罢手，最后因美国的强烈干涉才算终结。

第八章　反坦克导弹

一、反坦克导弹概述

反坦克导弹是用来打击坦克、装甲车辆和敌方纵深地面目标的导弹。反坦克导弹主要由战斗部、动力装置、弹上制导装置和弹体组成。它可由直升机发射，也可由地面车辆或便携式发射装置发射。

（一）反坦克导弹的历史

世界上最早的反坦克导弹是德国在二战中的“小红帽”。第二次世界大战后期，纳粹德国为了对付盟军坦克的进攻，于 1944 年 2 月 3 日下令陆军武器局制订一个名叫“小红帽”的应急计划，进行反坦克导弹的研制。

从 1944 年 2 月算起，只用了 7 个月的时间，样弹就基本研制成功，经过几个月的试验，第一批几百枚代号为“X-7”的“小红帽”反坦克导弹出厂，开始装备部队。导弹长 0.95 米，弹径 0.15 米，翼展 0.6 米，发射重量 9 千克，飞行速度 245 米 / 秒，战斗部重 2.5 千克，穿甲厚度 200 毫米，飞行距离 1000 米。不过这些“小红帽”还未来得及派上用场，纳粹德国就战败了。

战后，反坦克导弹的发展受到各军事大国的重视。从 20 世纪 50 年代中期开始发展的反坦克导弹在制导原理和结构设计上，基本上与 X-7 反坦克导弹相同。所以，“小红帽”堪称为反坦克导弹家族中的鼻祖。

半个多世纪以来，反坦克导弹大约经历了四代发展，战术技术性能显著提高，已成为世界各国反坦克武器的主体。第一代导弹需要射手同时瞄准目标并控制导弹，已基本淘汰；正在服役的主要是第二、三代及其改进型，它们大多只需要射手瞄准目标或以激光器照射目标即可；第四代反坦克导弹虽然比较少，但也在军事发达国家开始服役。

第一代反坦克导弹是指 20 世纪 60 年代中期之前服役的导弹。它基本上

美国 FGM-77“龙”式反坦克导弹

是手控制导，即有线制导反坦克导弹。这种制导方式非常简单，它是根据步枪射击中“三点成一线”的瞄准、跟踪和击发原理而设计的，导弹尾巴上拖着一根制导导线，射手通过望远镜观察，看眼睛、目标和飞行中的导弹是否在一条直线上，如有偏离，则扳动控制盒中的手柄操纵杆，使之改变弹道，就像我们现在电子游戏机的操纵方法一样。

由于人工干预太多，所以手控线导反坦克导弹的命中率主要取决于射手的技术水平，导弹的命中概率通常不到 60%，而且仅适用于单兵，机动发射

很困难。第一代反坦克导弹一般采用高能炸药战斗部，战斗部的最大破甲厚度为 350 ~ 500 毫米。并且由于大都采用手控有线制导，其射手易遭对方攻击，导弹飞行速度较低，机动能力也较差，逐渐被淘汰。

第二代反坦克导弹是指 20 世纪 60 年代中期—70 年代末服役的导弹。这一时期的反坦克导弹主要采用红外测角仪半自动有线制导，管式发射。这种发射原理实际上和第一代发射原理相同，也是通过望远镜把十字线对准目标，用人工干预的方式修正弹道，所不同的是，由纯目视瞄准转变为红外光学瞄准，把导弹飞行时尾部的曳光管改为红外发光装置。

此外，只要用红外测角仪瞄准目标，不必总担心三点是否成一直线，测角仪就会自动发出修正指令使导弹进入正确的弹道，从而大大简化了射手的

苏制 AT–6 反坦克导弹

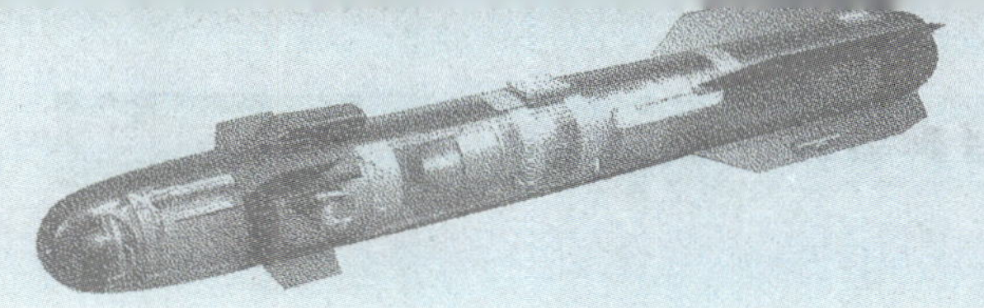

操作过程。但最根本的一点没有改变，即导弹尾部仍然拖着那根长达几千米的导线。

第二代反坦克导弹一般采用空心装药战斗部，命中概率一般在 85% ~ 95%，最大破甲厚度一般在 500 ~ 800 毫米，有少数型号的反坦克导弹最大破甲厚度达到 1000 ~ 1300 毫米。

第三代反坦克导弹是指 20 世纪 80 年代以后服役的导弹。第三代反坦克导弹采用了激光、红外、毫米波等先进的制导方式，彻底抛弃了那根用以制导的导线，从而使导弹有了“发射后不用管”，自动导向目标的能力。

激光制导反坦克导弹实际上多为半自动制导型，即瞄准手必须在导弹命中坦克之前始终用激光器发射出的激光束瞄准坦克，坦克接受照射后必然产生一种激光辐射，于是，导弹便径直朝坦克辐射源飞去，只要这种辐射不中断，它就能命中目标。

这种制导方式实际上还是要射手保持瞄准，虽然发射导弹的飞机或车辆发射后不用管，可瞄准手还得管，所以也有很大危险。而毫米波自动导引是一种真正的“发射后不用管”的导弹，它是依据坦克比背景（大地）毫米波的反射性强的原理，把导弹寻的头做成毫米波被动导引式，让它自己去感受这种变化，去追踪反射性较强的目标，达到“发射后不用管”的目的。

红外成像制导的反坦克导弹也具有“发射后不用管”的能力，它所采用的红外辐射原理与毫米波反射原理相同。也就是说，一辆坦克所辐射出来的

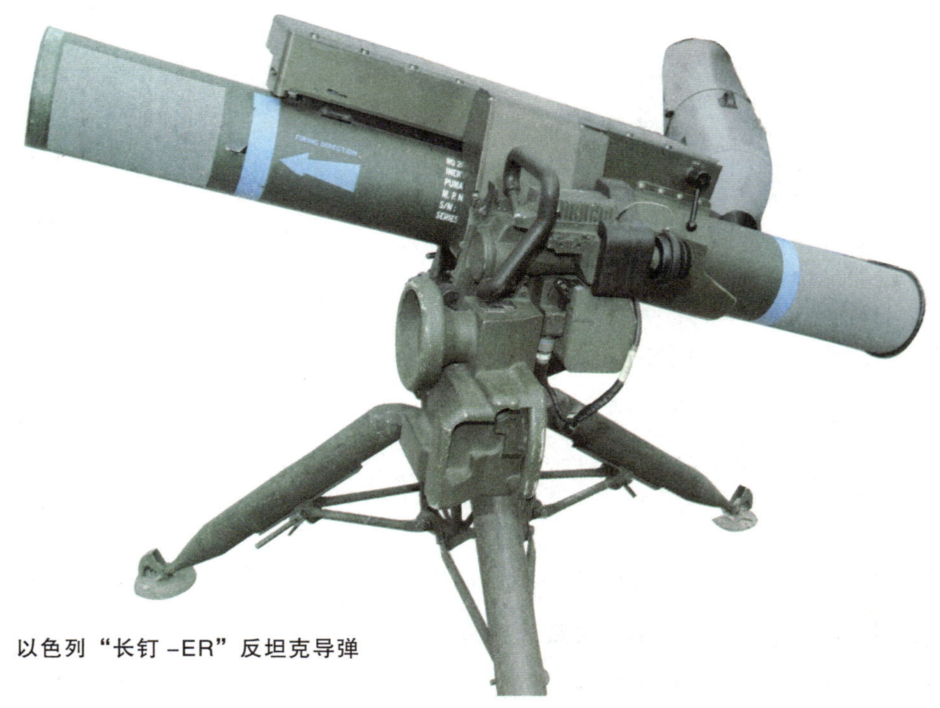

以色列“长钉 -ER”反坦克导弹

热量与大地背景明显不同，根据这种差异，让导弹进行被动探测和跟踪，也同样达到摧毁目标的目的。

第三代反坦克导弹一般都采用空心装药战斗部或攻击顶装甲的战斗部，具有反复合装甲的能力。第三代反坦克导弹的代表型号有美国的“陶 -2”“海尔法”（又译为“地狱火”），苏联的 AT-6“螺旋”等。

第四代绝大多数正处于研制中，只有少量开始服役。现在真正拥有第四代反坦克导弹的，即“标枪”反坦克导弹，也有一些军事专家认为以色列的“长

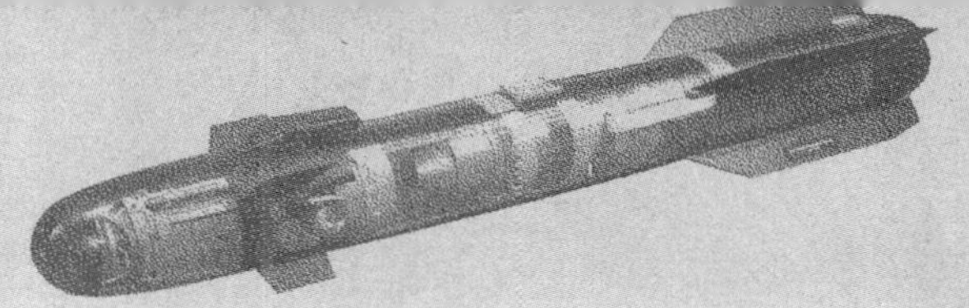

钉”反坦克导弹为第四代反坦克导弹，具有“打了就不用管”的基本特征。

（二）反坦克导弹的种类

1. 根据发射平台不同，可分为班组反坦克导弹、车载式反坦克导弹和机载式反坦克导弹。

2. 根据射程不同，可分为远程反坦克导弹、中程反坦克导弹和近程反坦克导弹。

3. 根据重量不同，可分为重型反坦克导弹、中型反坦克导弹和便携式反坦克导弹。重型反坦克导弹一般通过车载或机载进行发射，具有威力大、射程远、精度高的优势，但受地形环境限制因素较大。

中型反坦克导弹一般由车载或步兵班组发射，使用方便，威力较大，射程也比较远。便携式反坦克导弹具有重量轻、使用灵活等优势，一般通过步兵班组进行发射，受地形等因素影响较小，使用方便，但穿甲能力、射程等性能相对较差，与机载发射相比机动性差，一般不能攻击顶装甲，威力受限。

（三）反坦克导弹的特点

一是穿透力强。反坦克导弹的战斗部通常采用空心装药聚能破甲弹，有的采用高能炸药，以提高金属的侵彻效率，还有的采用自锻破片战斗部攻击

挂于 AH-1W 翼下的“地狱火”反坦克导弹

目标顶装甲，能穿透数百毫米到上千毫米的均质钢甲。

二是重量轻。通常条件下，反坦克导弹以车载、直升机载或班组式发射为主，重量都不是很大，整个发射系统全重只有几十千克到几百千克，与防空导弹、地地导弹、反舰导弹等其他导弹动辄上千千克比较，反坦克导弹属于重量很轻的。

三是射程近。与其他导弹相比，反坦克导弹的射程比较近，一般只有几千米。

（四）反坦克导弹的未来

一是采用先进的制导技术，提高命中精度。未来的反坦克导弹将广泛采用激光制导、红外成像制导、毫米波制导、光纤制导以及模式制导技术，以提高反坦克导弹的抗干扰能力和在恶劣气候及夜间作战条件下的命中精度，并使反坦克导弹具有“发射后不用管”的能力，减少射手暴露的时间，提高其战场生存能力。

二是发展新型战斗部，提高破甲威力。积极利用破甲技术的最新成果，从战斗部的结构设计、新材料、新工艺的应用以及破甲机理的探索研究等方面广挖潜力，提高战斗部的破甲威力，以适应未来反坦克作战的需要。

三是采用攻顶甲技术，提高击毁概率。目前，攻顶甲技术越来越受到人们的重视，许多国家都在努力探索、设计、研制和试验适合于实施顶部攻击的制导体制、战斗部和引信，积极发展攻顶甲反坦克导弹。

二、经典反坦克导弹

（一）美国“陶”式反坦克导弹

“陶”式是美国20世纪70年代初期装备的第二代重型反坦克导弹。该弹由美国休斯飞机公司研制，简称为TOW，音译为“陶”，是英文管射（Tube launched）、光学追踪（Optically tracked）和线控导引（Wire command link guided）的缩写。

该弹于1962年开始研制，1965年发射成功，1970年生产并装备部队，代号XBGM-71A，编号BGM-71，主要用于攻击各种坦克、装甲车辆、碉堡和火炮阵地等硬目标，可车载和直升机发射，也可由步兵便携式发射。

该弹共有“陶”“陶1”“陶2”“陶2A”“陶2B”等型号。“陶”原型弹长1164毫米，装进筒内长1280.5毫米；圆柱部分弹径148.3毫米，战斗部弹径127毫米，装进筒内最大直径218毫米；弹翼翼展466.5毫米，舵翼翼展445.7毫米；弹重18.47千克，筒装弹重24.5千克，全重102千克；战斗部重3.65

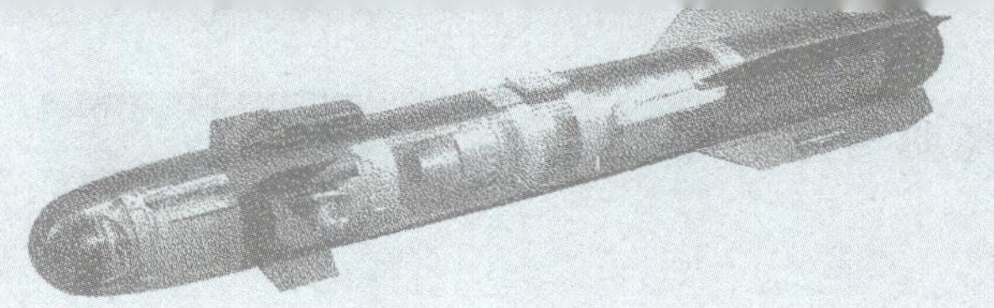

主要参数（陶 2A）			
重　量	28.1 千克	命中精度	97.7%
弹　长	1.174 米	弹头类型	穿甲弹
弹　径	0.152 米	制导方式	有线传输指令制导
最大射程	3750 米	发射方式	单兵、车载、直升机载发射
破甲厚度	1300 毫米		

美国“陶 2”式反坦克导弹

千克。

导弹射程3000米，初速65米/秒，最大速度360米/秒，飞行3000米时间为15秒。65～250米时对固定靶命中概率为75%，500～3000米约90%。静破甲厚度600毫米，动破甲厚度200毫米/65°。发射速率3发/分。导弹储存期5年以上。

“陶1”型于1981年装备部队。为减少较大横风对操纵发射装置的影响，发射管缩短至1067毫米。为适应车载和直升机载的发射，导弹射程从3000米增大至3750米。装有AN/TAS-4热成像瞄准仪，夜间探测距离2～6千米；战斗部中安装有可伸缩的圆柱形探针；战斗部上装有压电开关，增加了战斗部起爆的可靠性；静破甲能力达800毫米。

“陶2”型于1979年研制，1983年服役。导弹采用大口径战斗部，直径增至152毫米，重量增至5.9千克，弹头前部探针由305毫米增至540毫米，破甲厚度提高至940～1030毫米。导弹采用增程发动机，射程由3000米提高至3750米。

“陶2A”型于1987年装备部队，在“陶2”的基础上采用两级串联空心装药，精度和威力均有提高，主要用于攻击披挂反应装甲的目标。“陶2B”型于1992年装备部队，导弹发射制导软件进行了改进，导弹可在瞄准线上方1米高度飞行；采用双级并列式自锻破片战斗部，主要用于攻击坦克顶装甲。

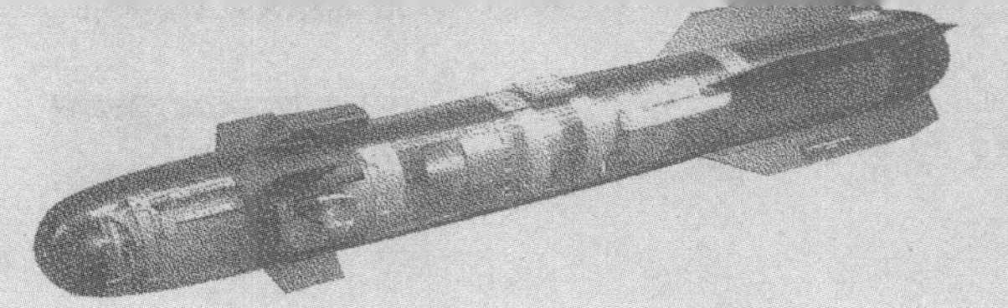

（二）美国“标枪”反坦克导弹

“标枪”（Javelin）是美国20世纪80年代末期开始研制的第四代单兵反坦克导弹，编号FGM-148，由洛克希德·马丁公司和雷神公司联合研制，该弹不仅可肩扛发射，也可安装在轮式或两栖车辆上发射，并具有反直升机能力，用于取代FGM-77“龙”式轻型反坦克导弹。

该弹于1992年8月，首次试验取得成功；1994年开始投入批量生产；1995年开始装备部队。导弹系统主要由发射包装筒、导弹和瞄准控制单元组成。导弹重11.8千克，发射管重4.1千克，长1.2米，直径0.142米；整套系统包括制导系统及射控主件重约22.3千克，有效射程75～2500米，最大射程4750米。

导弹战斗部采用双弹头设计，重8.4千克，配有串联聚能装药。预装药主要用于破坏反应装甲，引爆表层防护装甲；主装药用于穿透主装甲，钻进坦克装甲车辆内部爆炸。该弹垂直破甲厚度750毫米，静破甲厚度940毫米，射手可采取站、跪、卧及坐姿发射。

该弹配有整合式昼夜间放大瞄准器，其中昼间放大倍数4倍、夜间4～9倍。夜间作战时，射手首先采用4倍红外夜间放大模式，通过搜寻目标所产生的热源，找出目标所有的位置，进行初步锁定；当射手压下两个扳机中的其中一个的时候，瞄准器自动变焦为放大9倍的红外夜间瞄准模式；当射手确定要对锁定的目标攻击时，压下第二个扳机，完成锁定，导弹随后就会

发射出去。

“标枪”导弹共有两种作战模式。一种是顶部攻击模式，主要从顶部对主战坦克或装甲车辆实施攻击。采用这种模式时，导弹采取曲射的方式，导弹以 18 度的高低角发射，导弹首先爬升高于发射点 97.3 米的高度，到达目标上空前，导弹转为向下俯冲（落角约 45 度）攻击目标。另一种是正面攻击模式，采用直射的方式，主要用于摧毁敌方工事以及其他非装甲目标。此外，导弹还可以攻击飞行速度为 50 ~ 60 千米 / 小时武装直升机。

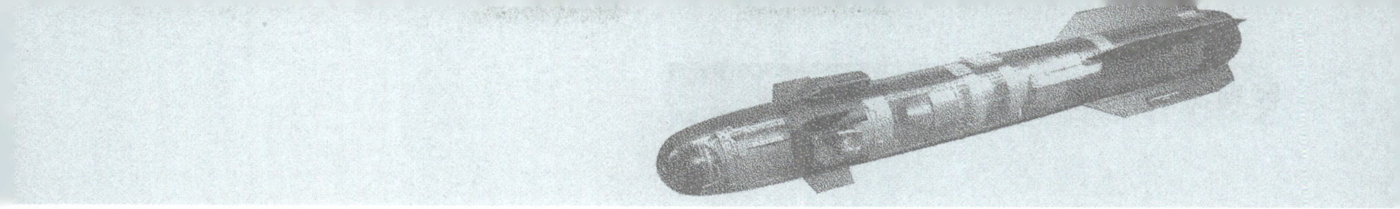

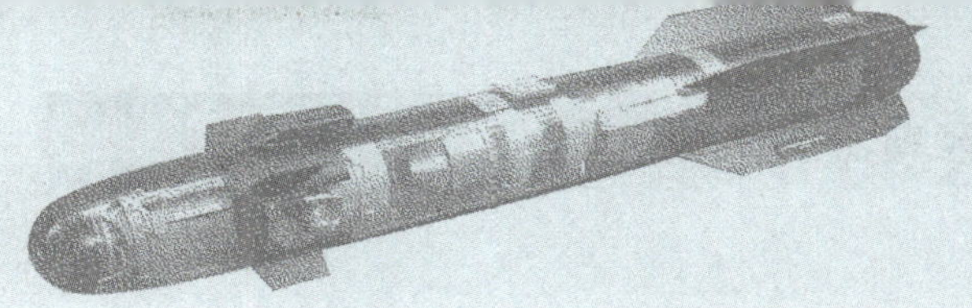

主要参数			
重　　量	22.3 千克	命中精度	94%
弹　　长	1.1 米	弹头类型	穿甲弹
弹　　径	0.127 米	制导方式	红外成像制导
最大射程	4750 米	发射方式	单兵、车载发射
破甲厚度	940 毫米		

美国“标枪”反坦克导弹

（三）美国“地狱火”反坦克导弹

“地狱火”（hellfire），有的也译为“海尔法”，是美军专门为“阿帕奇”攻击直升机设计的空地反坦克导弹，也可装备在 A-10、F/A-18、M113、M2、M3、悍马以及捕食者无人机上。

该弹由洛克希德·马丁公司在“大黄蜂”电视制导空对地导弹基础上研制而成，主要用来攻击坦克，也用于攻击地面其他小型目标，编号 AGM-114，共有 AGM-114A、B/C、4D/E、F、G、H、K、J、L、M、N、P 等型号。

其中，AGM-114A 为基本型，1970 年开始研制，1982 年投产，装备在美国陆军 AH-64“阿帕奇”攻击直升机上。弹长 1.625 米，弹径 0.178 米，翼展 0.33 米，重 45.7 千克，战斗部重 9 千克，装有 6.8 千克高能混合破甲炸药，最大破甲厚度 1400 毫米，装有 1 台单级无烟火箭发动机，飞行速度 1 马赫，最大射程 8 千米。导弹采用半主动激光制导，制导系统由激光导引头、自动驾驶仪和自动系统组成，命中概率为 96%。

AGM-114B/C 是为海军陆战队研制的直升机机载重型远程反坦克导弹，主要装备 AH-1“眼镜蛇”和 AH-1W“超级眼镜蛇”攻击直升机。该弹在 A 型的基础上只对保险和解除保险装置进行了改进。

AGM-114D/E 为 AGM-114B/C 的升级型。AGM-114F、AGM-114G、AGM-114H 为过渡型，弹长 1.8 米，重 48.5 千克，战斗部重 9 千克，采用

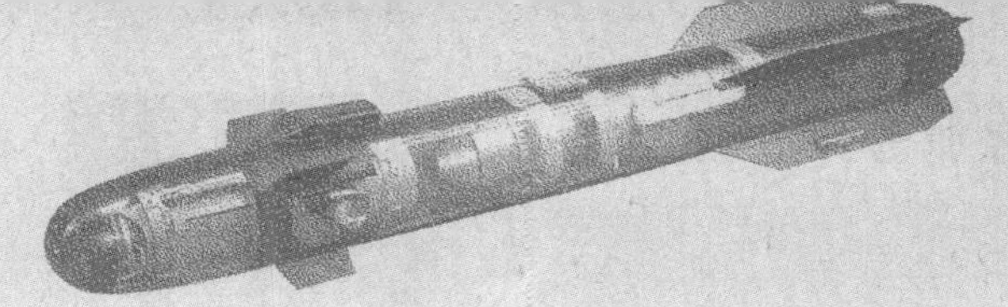

半主动激光制导，射程 7 千米。AGM-114J 为 AGM-114F 的轻量化和射程增强版本，AGM-114K 为 AGM-114J 的升级版。该型号寻弹长 1.63 米，重 45 千克，战斗部重 9 千克，采用半主动激光制导，射程 8 千米。上述型号基本上没有进行批量生产。

AGM-114L 主要装备装有“长弓”火控雷达的 AH-64D“长弓阿帕奇”上。该弹采用毫米波雷达制导，可有效避免战场上雨、雪、雾、烟等屏障的干扰，是世界上第一种直升机载、“发射后不用管”的重型远程反坦克 / 反直升机导弹。该型号导弹战斗部重 9 千克，射程 8 千米，战斗部可根据需要选用两用榴弹或双级串联聚能破甲弹。

AGM-114L 作战时，由机载火控雷达搜索目标，确定目标后发射导弹，弹上的毫米波导引头搜索、锁定目标，对目标实施攻击，而且毫米波导引头还可作为近炸引信，在恰当的时候引爆战斗部摧毁目标。

AGM-114M 主要用于攻击碉堡、掩体以及其他软目标，弹长 1.63 米，重 48 千克，采用半主动激光制导，射程 8 千米。AGM-114N 主要用于攻击敌方防空设施，橡皮艇、快艇等小型船只以及其他软目标，配有金属增强型战斗部。AGM-114P 用于装备无人侦察机，担负对敌方坦克装甲车辆等目标的攻击任务。

美国“地狱火”反坦克导弹

主要参数（AGM-114L）	
重　量	49 千克
弹　长	1.76 米
弹　径	0.178 米
最大射程	8000 米
破甲厚度	1400 毫米
命中精度	96%
弹头类型	穿甲弹、两用榴弹
制导方式	毫米波制导
发射方式	直升机载发射

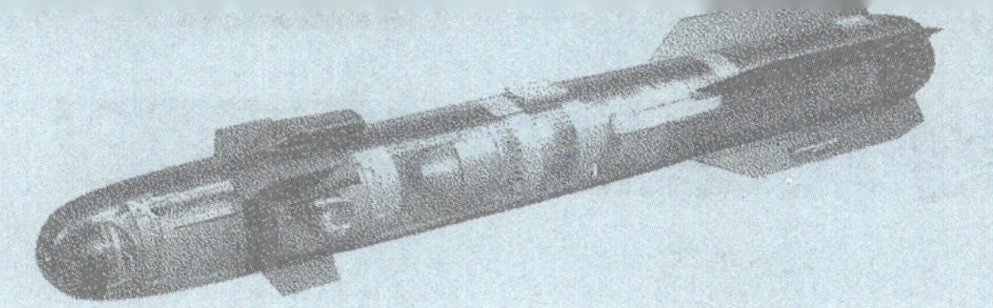

（四）俄罗斯 AT-6 反坦克导弹

AT-6 是苏联 20 世纪 70 年代装备的一种无线电传输视线指令制导反坦克导弹武器系统。该弹由科洛姆纳机器制造设计局研制，系统代号 9K114，导弹代号 9M114，昵称“强攻”（Shturm），或音译为“斯图拉姆”，北约代号 AT-6，绰号“螺旋”（Spixal）。

该弹于 20 世纪 70 年代初开始设计，1978 年装备部队，最初作为武装直升机载空地反坦克导弹。20 世纪 90 年代后，科洛姆纳机器制造设计局对其进行了改进，该弹也可以从地面车辆上发射。最初西方和北约集团认为该弹是专门为武装直升机研制的空地导弹，编号为 AS-8（指装备武装直升机的型号）；后来发现为各军兵种通用型反坦克导弹，将其编号改为 AT-6。

该弹共有 AT-6A、AT-6B、AT-6C 等型号，AT-6A 为基本型，导弹型号 9M114（反掩体型 9M114M）。发射重量 31.4 千克，筒装导弹重 46.5 千克，筒装导弹长 1.83 米，翼展 0.36 米，空心装药破甲战斗部重 5.3 千克，有效射程 400 ~ 5000 米，飞行速度 345 米 / 秒。“米 -24”可携带 8 枚，“米 -28”可携带 16 枚（与 AH-64 火力相当）。

AT-6B 可对付反应装甲，导弹型号 9M114M1，弹重 33.5 千克，筒装导弹重 49.5 千克；弹长 1.745 米，筒装导弹长 1.95 米；弹径 0.13 米；翼展 0.36 米；串联空心装药破甲战斗部重 7.4 千克；采用无线电指令半红外自动跟踪制导；有效射程 400 ~ 6000 米；飞行速度 345 米 / 秒；米 -24 可携带 8 枚，

米 -28 可携带 16 枚。

AT-6C 为履带式车载型反坦克导弹。导弹型号 9M114M2，弹重 40 千克，筒装导弹重 57 千克；弹长 2.045 米，筒装导弹长 2.25 米；弹径 0.13 米；翼展 0.36 米；串联空心装药破甲战斗部重 7.4 千克，破甲厚度 0.8 米；采用无线电指令半红外自动跟踪制导；发射速度 3 ～ 4 枚 / 分；有效射程 400 ～ 7000 米；飞行速度 345 米 / 秒；车载导弹 12 枚；发射准备时间 15 秒。

该弹采用红外半自动跟踪、无线电指令制导。导弹尾部有用于制导系统跟踪的脉冲式红外辐射器，可抵御敌方的主动干扰。制导系统向导弹传输的无线电指令经过编码加密，具有很高的抗干扰性。

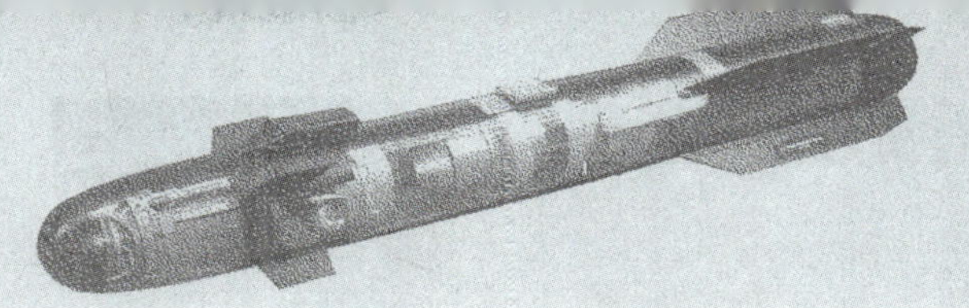

主要参数（AT-6A）			
重　　量	31.4 千克	破甲厚度	560 毫米
弹　　长	1.625 米	弹头类型	空心装药破甲弹
弹　　径	0.13 米	制导方式	无线电指令兰红外制导
最大射程	5000 米	发射方式	直升机载发射

俄罗斯 AT-6 反坦克导弹

（五）俄罗斯 AT-14 反坦克导弹

AT-14 是俄罗斯研制的第三代反坦克导弹，由图拉仪器设计制造局研制，北约代号 AT-14，绰号“短号”（Kornet）。该弹最初为便携式反坦克导弹，也可安装在吉普车上，用于攻击主战坦克，也可用于攻击其他装甲车辆和野战工事、建筑物等各种非装甲目标以及杀伤人员。

该弹于 1994 年首次公开展出。导弹采用鸭式布局，前面有 2 片可以折叠的鸭式舵，弹体为圆柱形，尾部有 4 片折叠式梯形稳定翼。飞行速度 420 米 / 秒，最小射程 100 米，最大射程 5500 米，夜间最大射程 3500 米。

为了对付不同的目标，导弹配备串联式聚能装药和燃料空气炸药两种战斗部。当攻击坦克特别是披挂有爆炸反应装甲的主战坦克时，使用 9M133-1 双级串联聚能破甲战斗部。其中，前置战斗部用于击穿和引爆爆炸反应装甲，主战斗部用于击穿主装甲，破甲厚度 980 毫米（带一层爆炸反应装甲）、1200 毫米（均质装甲），也可穿透厚 3 ~ 3.5 米的混凝土。

当对付一般野战防御工事时，使用 9M133F-1 多用途燃料空气战斗部。该战斗部内装有铝粉，通过提高爆炸冲击波的超压，以增强杀伤效果。通过“温压”效应，9M133F-1 战斗部可用来杀伤各类掩体、碉堡、建筑物、无装甲防护的车辆和堑壕内的人员，也可用于对付战术导弹、防空导弹、机场飞机和水面舰艇等目标。

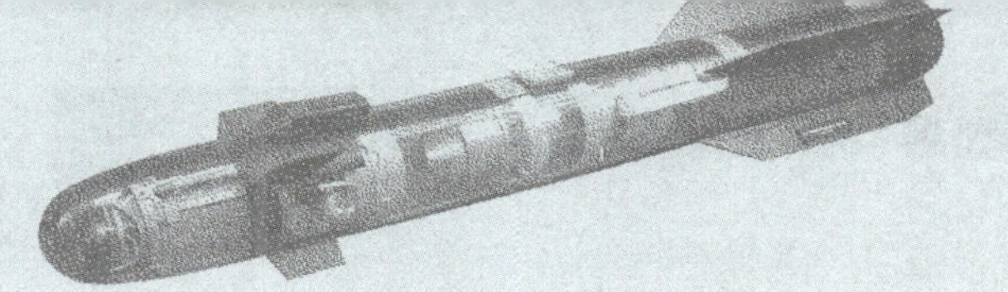

导弹采用半主动激光直瞄制导。导弹发射后沿地面激光照射器发出的激光波束飞行，操作手使用瞄准镜始终瞄准目标，导弹将沿激光束飞行直至命中目标。导弹可单枚发射，也可 2 枚齐射（2 枚导弹由同一个激光束制导）。

主要参数			
重　　量	27 千克	破甲厚度	1200 毫米（均质装甲）
弹　　长	1.2 米	弹头类型	串联式聚能装药 / 燃料空气炸药
弹　　径	0.152 米	制导方式	半激光制导
最大射程	5500 米	发射方式	便携式或车载发射

俄罗斯 AT-14 反坦克导弹（9M133 导弹）

（六）俄罗斯AT -15反坦克导弹

AT-15，绰号“菊花”（khrizantema），是俄罗斯工程设计制造局研制的一种超音速远程自行反坦克/反掩体导弹武器系统，俄内部代号9M123，北约代号AT-15。该弹主要装备俄陆军集团级反坦克部队，用于攻击主战坦克、装甲步兵战斗车，以及工事、掩体和坚固火力点，也可以攻击直升机和低空低速飞行的固定翼飞机。

导弹于1990年完成样机研制，1997年首次对外公布。导弹目前共有两种型号：一种是装备串联聚能破甲战斗部的9M123型，重8千克，主要用于攻击主战坦克等装甲目标；另一种是装备高爆战斗部的9M123F，重6千克，主要用于攻击工事、掩体和非装甲目标。

导弹长2057毫米，弹径150毫米，翼展310毫米，采用正常气动布局，弹体呈圆柱形，弹体前半段为较尖的圆锥形，弹体后半段直径略小，在弹体后半段靠后处，有4片卷弧尾翼，在弹尾有控制导弹飞行的2片空气舵片，射程400 ~ 6000米。

导弹安装在BMP-3步兵战斗车上，采取车载发射方式发射，每一辆发射车为一个独立的作战单位，每车备弹15枚。车上配有双联装导弹发射架、毫米波主动搜索跟踪制导雷达、激光驾束制导装置、相应的昼夜观瞄设备，命中精度小于5米。发射架可自动降至车内，自动/人工装填导弹，自动升起，进行高低/方向旋转，方位旋转范围170度。

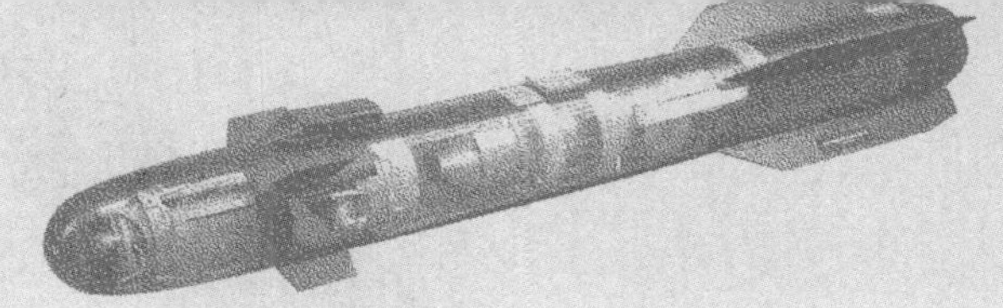

导弹采用毫米波雷达探测跟踪、毫米波指令制导加激光制导，首次实现了在一种反坦克导弹上同时采用毫米波雷达探测系统、毫米波指令制导和激光驾束两种制导方式，两套制导系统可以同时独立使用，分别制导1枚导弹，分别攻击不同目标。

其中，激光驾束制导主要在战场能见度良好，以及在对付掩体、工事和坚固火力点这一类非金属目标时使用。毫米波雷达指令制导，类似于美国的AH-64D“阿帕奇”上的“长弓”毫米波火控雷达，具有全天候作战能力，对坦克、装甲车辆等金属目标具有极强的探测识别能力，特别是适合能见度很差的恶劣气象条件下作战。

射手通过毫米波雷达捕获、锁定目标，发射导弹后，毫米波雷达可自动跟踪目标，并自动测量导弹与瞄准线的偏差，形成控制指令，通过毫米波指令传输通道，控制导弹飞行，从射手锁定目标、发射导弹后，整个过程自动完成，直至命中目标。俄罗斯专家将其称为不同于采用图像导引头或主动雷达导引头的导弹系统的“另一类发射后不管”系统。

俄罗斯 AT-15 反坦克导弹发射车

主要参数			
重　　量	46 千克（带发射筒重 54 千克）	破甲厚度	1250 毫米
弹　　长	2.057 米	命中精度	95%
弹　　径	0.15 毫米	弹头类型	串联聚能破甲、高爆战斗部
翼　　展	0.31 毫米	制导方式	毫米波指令制导加激光制导
最大射程	6000 米	发射方式	车载发射

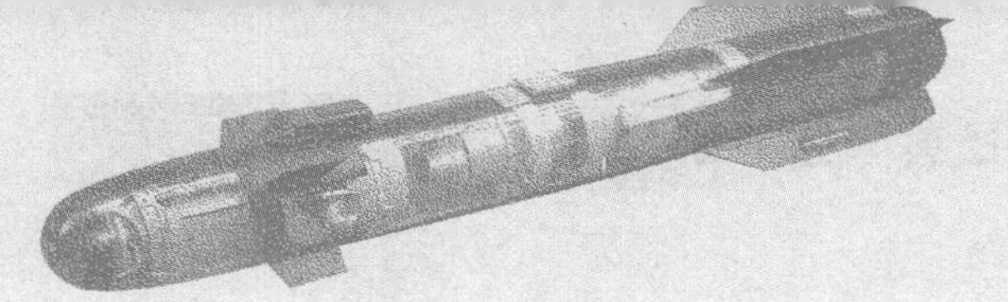

（七）俄罗斯 AT-16 反坦克导弹

AT-16 是苏联 20 世纪 80 年代中期开始研制的一种超声速激光制导机载反坦克导弹武器系统。该弹由俄罗斯图拉仪器仪表设计局研制，俄罗斯编号 9K121，昵称“旋风”（Whirlwind），有时也译为“旋涡”“龙卷风”“维赫里”（Vikhr），北约代号 AT-16，绰号“青葱”（Scallion）。

该弹于 1990 年开始服役。导弹沿用图拉设计局的一贯设计风格，从导弹头部，依次为冲压式舵机进气口、前置战斗部、冲压式舵机、固体火箭发动机、战斗部、制导电子舱及激光接收机等。导弹采用导管发射方式，弹头露在发射管外，无扁平头盖。

该弹自重 45 千克，发射筒重 14 千克，筒装导弹重 59 千克。动力装置为单室双推力固体火箭发动机，最大飞行速度 1.8 马赫，最大射程 12 千米。

导弹采用电视 / 红外热成像瞄准、激光制导，具有同时制导 2 枚导弹攻击同一个目标的能力，对坦克命中概率 0.8 ~ 0.85，对直升机 0.75 ~ 0.8。该弹采用串联聚能破甲 / 杀爆 / 破片杀伤战斗部，战斗部重 8 千克，装药 4 千克，配有触发 / 近炸引信，破甲厚度 1000 毫米（带一层反应装甲）；每分钟可攻击 3 ~ 3.5 个目标。

该弹是俄罗斯第一种专门为武装直升机和固定翼攻击机设计的机载远程反坦克 / 多用途导弹系统，可用于攻击坦克、步兵战车、小型舰艇、直升机

和低速固定翼飞机等目标。目前，主要安装在俄罗斯“卡 –50”“卡 –52”和“苏 –25”上。导弹标准的发射装置为上下叠放的 6 联装发射器，可同时挂载 6 枚筒装导弹。每架“卡 –50”武装直升机与“苏 –25T”攻击机标准带弹量为 12 枚“涡旋”导弹。

主要参数			
重　　量	45 千克	命中精度	85%
弹　　长	2.80 米	弹头类型	破甲 / 杀爆 / 破片弹
弹　　径	0.13 米	制导方式	激光制导
最大射程	12 千米	发射方式	机载发射
破甲厚度	1000 毫米		

俄罗斯 AT–16 反坦克导弹

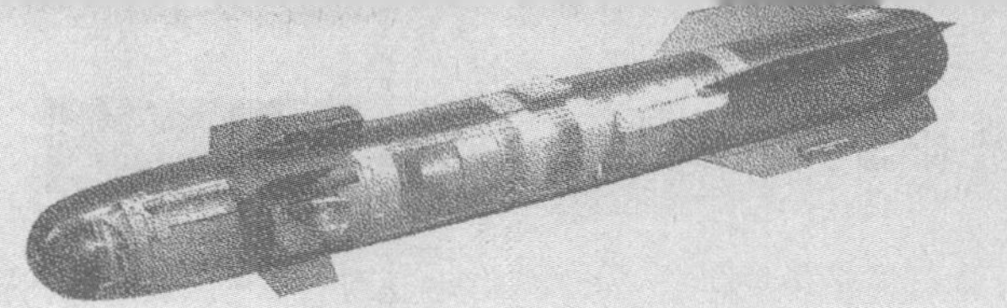

（八）以色列“长钉”反坦克导弹

“长钉”（Spike）是以色列20世纪末期自行研制发展的第四代反坦克武器系统。该弹由拉菲尔公司研制，最初称为NT（希伯莱文Nun Tet的缩写，意为反坦克）家族，包括吉尔（Gill）、长钉（Spike）、丹迪（Dandy）反坦克导弹3种型号。2002年，为加强在国际市场上的竞争力，拉菲尔公司将原来NT家族更名为长钉反坦克导弹家族，主要包括长钉-SR（NT-G）、长钉-MR（NT-S）、长钉-LR（NT-C）、长钉-ER（NT-D）。

长钉-SR、长钉-MR、长钉-LR均为轻型便携式反坦克导弹系统，由导弹、发射控制单元、热成像仪和三脚架组成，发射系统全部通用。导弹重14千克，发射控制单元重5千克，三脚架重2.8千克，电池重1千克。热成像仪重4千克，放大倍率3.5倍，最大探测距离3000米。昼间光学瞄准镜视场5度，放大倍率10倍。采用红外成像或电荷耦合电视成像制导，可采取跪姿、坐姿、卧姿和半蹲姿等射击姿势，战斗准备时间10秒。

长钉-SR为长钉家族的新成员，SR是英文Shot Range的缩写，意为短程。该弹是一种低成本、“发射后不用管”的便携式反坦克导弹系统，不仅用于攻击装甲目标，还可攻击掩体、混凝土工事等多种目标，主要装备步兵、特种部队和快速反应部队，有效射程50～800米，用于弥补单兵反坦克火箭和中程反坦克导弹之间的火力空白。射手可以选择肩扛发射，而无须架起三脚架，导弹再装填时间不超过15秒。

长钉 -MR 为原来的吉尔反坦克导弹，MR 是英文 Middle Range 的缩写，意为中程。筒装导弹长 1.2 米，弹径 0.11 米，导弹配有串联战斗部，采用红外成像或电荷耦合电视成像制导，有效射程 200 ~ 2500 米。入射角 30 度时可击穿厚度 800 毫米的均质钢装甲。

长钉 -LR 为原来的长钉导弹，LR 是英文 Long Range 的缩写，意为远程，是长钉家族中的远程型号，有效射程 200 ~ 4000 米，在夜间或者恶劣气候条件下，受热成像仪有效作用距离的限制，射程下降为 3 千米。

该弹装备有光纤通信制导系统，可将射手的意图以数字形式传给导弹，同时也可将导弹导引头看到的画面以图像形式传给射手。导弹在飞行过程中，射手可以修正瞄准点，也可以允许射手改变攻击目标。此外，射手借助光纤通信链系统，通过实时图像可以评估杀伤效果。该弹既可以安装在三脚架上作为便携式反坦克导弹使用，又可以架设在轻型战斗车辆上，还可以打击如直升机等低空飞行目标。

长钉 -ER 为原来的丹迪反坦克导弹，ER 是英文 Extended Range 的缩写，意为增程，最大射程 8 千米。该弹可安装在轻型战斗车辆和直升机上，也可拆下安装在三脚架上，还可安装在轻型水面战斗舰艇上作为近程反舰导弹使用。该弹新增发射 / 控制模式，导弹发射前不需要锁定目标，直升机飞行员可以在发射后再选择目标。导弹重 32 千克，车载发射装置重 30 千克，机载发射装置重 55 千克，破甲厚度 1000 毫米。此外，于 2009 年公布的新型非瞄准线型长钉 -NLOS，最大攻击距离可达 25 千米。

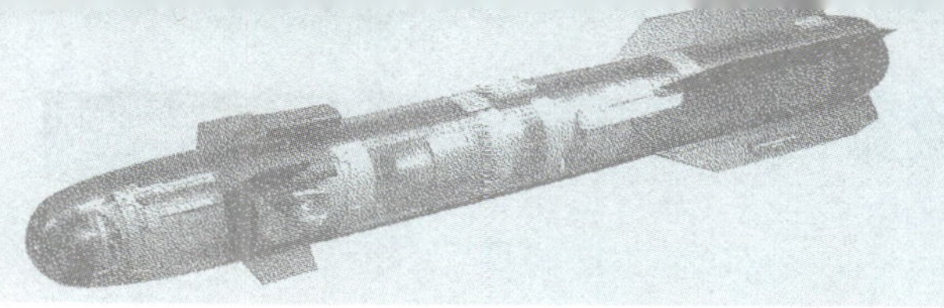

主要参数（长钉 –LR）	
重　　量	14 千克
弹　　长	1.67 米
弹　　径	0.17 米
最大射程	4000 米
破甲厚度	800 毫米
命中精度	90%
弹头类型	串列高爆弹头
制导方式	光电图像转换 + 红外制导
发射方式	便携式或车载发射

以色列“长钉 –LR”反坦克导弹

（九）欧洲“崔格特”反坦克导弹

“崔格特”（TRIGAT）是英、法、德等欧洲国家联合研制的第三代反坦克导弹。该弹由欧洲导弹动力集团负责开发研制，该公司由法国玛特拉宇航公司、英国玛特拉宇航动力公司和德国戴姆勒－克莱斯勒宇航公司共同组成。导弹在德国编号为PARS-3，法国编号为AC-3G。

该弹包括中程“崔格特”（TRIGAT-MR)和远程“崔格特”（TRIGAT-LR）两种。研制工作始于20世纪80年代初期，1988年，英、法、德三国签署

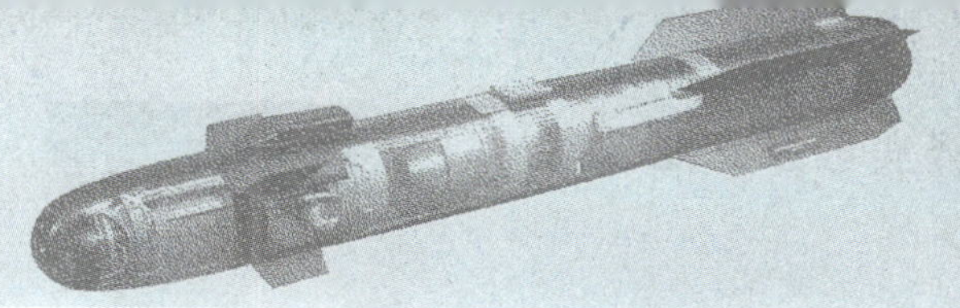

主要参数（TRIGAT-LR）	
重　　量	49 千克
弹　　长	1.6 米
弹　　径	0.159 米
最大射程	7000 米
破甲厚度	1200 毫米
命中精度	90% ~ 95%
弹头类型	串联聚能破甲弹
制导方式	红外焦平面成像制导
发射方式	机载或车载发射

虎式直升机及“崔格特”反坦克导弹

联合研制谅解备忘录。法国负责研制TRIGAT-MR，英国和德国负责研制TRIGAT-LR。1989年，比利时、荷兰加入其中。

TRIGAT-MR于1998年7月完成各项试验，2002年服役，用于替换1973年生产装备的"米兰"反坦克导弹。该弹重18.2千克，筒装导弹重27千克，热像仪重10.5千克，发射制导装置重17千克，武器系统重44千克；弹长0.95米，筒装导弹长1.2米，直径0.152米，翼展0.18米；串联聚能破甲战斗部重5千克，装有激光近炸引信，破甲厚度1200毫米，混凝土3米；最大飞行速度290米/秒；有效射程200～2400米；采用激光制导，命中概率90～95%；采用单兵便携或车载发射，重新装弹时间5秒，发射速度3枚/分。

TRIGAT-LR用于替换1978年生产装备的"霍特"反坦克导弹，1970年生产装备的"陶"式导弹，以及1967年生产装备的"旋火"导弹。该弹于2000年12月7日首次成功试射，2003年开始小批量生产，装备欧洲联合研制的"虎"式武装直升机上，每架直升机携带2个4联装发射箱，共8枚导弹。此外，该弹还可以车载发射。

导弹具有齐射能力，发射速度4枚/8秒；战斗部重9千克，飞行速度290米/秒，最大射程7000米。TRIGAT-LR采用自寻的制导体制，安装有红外焦平面成像导引头，可以发射前锁定目标，也可以发射后锁定目标，导弹发射完毕后，载机可以立即机动隐蔽，或继续进行下一次攻击。

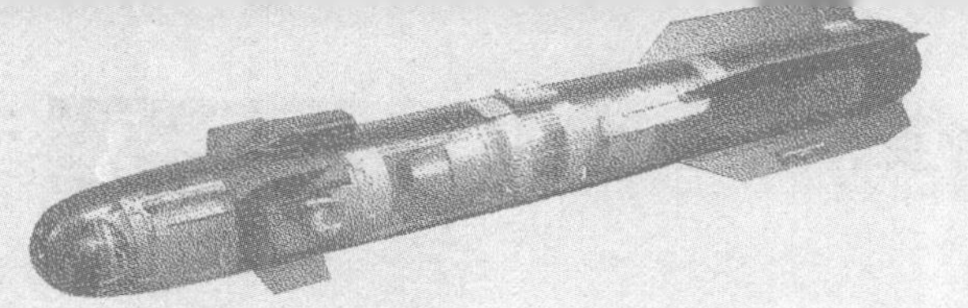

（十）印度“毒蛇”反坦克导弹

“毒蛇”（Nag）反坦克导弹是印度研制开发的第三代反坦克导弹。

该弹于1988年开始研制，1997年9月9日第一次试射成功。2000年开始小规模生产。2004年年底开始批量生产。

导弹主要有车载型和机载型两种型号。翼展400毫米，战斗部为曳光破甲弹，重8千克；装有1台固体冲压式发动机，飞行速度230米/秒，其中车载型射程500～4000米，机载型射程7000～10000米。

按照最初设想，该弹具有3种不同的制导模式，包括有线制导、红外制导、毫米波制导，但通过综合比较分析，印度最终选择了无线电指令+被动红外热成像的复合制导模式。此模式可分辨出红外曳光弹、红外诱饵、红外干扰机等在内的多种有源干扰系统与目标之间的红外波段差异。

该弹70%的弹体材料由碳纤维和玻璃纤维复合材料制成，具有强度高、重量轻、体积小等优点。此外，“毒蛇”导弹具有很强的通用性，既可以在地面车辆上发射，也可以由直升机发射，还可由单兵携行发射。

车载型“毒蛇”安装在改进型BMP-2步兵战车上，车上回旋式发射筒上备有4枚导弹，另有4枚备弹存放在车内，车上装有自动装填系统。机载型“毒蛇”可安装在印度陆军现役的各种直升机上。机上装有2具4联发射

筒，分别挂在武装直升机的两个短翼上，挂弹数量 8 枚（4×2）。

导弹采用双级串列式高爆战斗部，采用当今先进的爆炸成形技术，可有效对付多层防护装甲。导弹发射后，第一级装药首先接触到坦克和装甲车辆上的防护栅栏、填充物，产生高温金属射流灼透该层防护，剩余能量聚集到坦克主装甲一个相对狭小的区域，从而对坦克主装甲形成第一次打击。完成对坦克主装甲的第一次打击。其后，第二级装药沿第一次打击形成的表面凹坑聚能引爆，产生的巨大金属射流穿透复合装甲，将坦克彻底摧毁。

印度“毒蛇”反坦克导弹

主要参数	
重　　量	42 千克
弹　　长	1.9 米
弹　　径	0.19 毫米
最大射程	4000 米（车载型），10 千米（机载型）
弹头类型	串列高爆弹头
制导方式	被动红外成像 + 无线电指令制导
发射方式	车载发射

三、反坦克导弹背后的故事

（一）以色列 190 旅覆灭记

以色列和埃及、叙利亚等中东阿拉伯国家的矛盾由来已久，两个国家被以色列占去的领土始终没有归还。1973 年 10 月 6 日，趁犹太人过“赎罪节”之机，埃及和叙利亚军队同时向以色列军队发起进攻，第四次中东战争由此爆发。

10 月 7 日，当 “巴列夫防线”被埃军突破之后，以色列一线部队虽然组织了多次反击，但都无济于事，埃及后续部队源源不断地涌了过来，形势对以色列相当不利。于是，时任以军南部军区司令戈南少将立即给 190 装甲旅的时任旅长亚古里上校拍发了一份十万火急的密码电报，命令他火速增援。

190 装甲旅是以色列军队的王牌部队。该旅多次参加中东战争，部队训练有素、战斗经验丰富，所到之处几乎攻无不克、战无不胜，其装备的 120 辆美制 M-60 坦克在当时堪称一流。

获悉这个情报后，埃军步兵第 2 师迅速调整部署，工兵在 190 旅必经之路埋下反坦克地雷，步兵携带苏制 AT-3“萨格尔”反坦克导弹和 RPG-7 反坦克火箭筒等武器，埋伏在公路两侧沙丘后面的简易工事里，炮兵和坦克部队则等待以军坦克群进入伏击圈后，予以火力压制。

而此时的 190 装甲旅浑然不知，旅长亚古里坐在坦克里，非常自信地命令他的坦克旅以每小时 40 ~ 50 千米的速度向前推进。按照他过去的经验，只要他的坦克部队一出现，埃军必定被打的屁滚尿流。

8 月 8 日下午，120 辆美制 M-60 坦克钻进了埃军设下的埋伏圈。正当亚古里还沉浸在胜利的幻想之际，突然身旁传来了一声沉闷的爆炸声，以军的 1 辆坦克中弹起火。

亚古里见状十分气愤，是谁竟然敢向他的坦克部队发起攻击？于是，他命令他

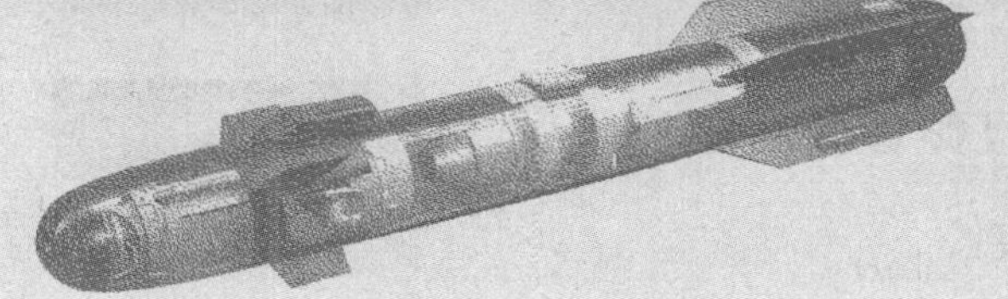

的坦克部队以连为单位立即向埃军发起攻击。但令他没想到的是，第一波冲锋的10多辆坦克便尝到了“萨格尔”导弹的威力。

AT-3“萨格尔”反坦克导弹长0.831米，弹径0.12米，翼展0.393米，弹重11.3千克，战斗部重2.5千克，战斗全重24千克，采用手动有线指令制导，最大飞行速度120米/秒，射程500～3000米，破甲厚度400毫米。

第一波冲锋被击退后，亚古里根本没想到那么多，迅速发起第二波冲击，不过派出的10辆坦克有7辆被击中。在随后进行的第三波攻击中，派出的10辆中又有4辆坦克被直接击毁。顷刻间，30多辆M-60坦克被打的直接趴在原地。此时，恼羞成怒的亚古里决定倾巢出动，准备孤注一掷。

发觉以军被彻底激怒后，第一道阵地的埃及士兵迅速撤离阵地，造成向后撤退的假象。此时，早已杀红眼的亚古里根本不知道这是埃军布下的陷阱。于是，他命令剩下的80多辆坦克赶快追击。

在最初的几分钟时间里，亚古里觉得一切都十分顺利。然而，离公路200～300米的沙丘中，埃军步兵第2师的士兵们已经埋伏了很久，就等鱼儿上钩了。每个反坦克导弹射手的位置都作了精心安排，每个射手都挖好了单兵掩体，并用沙子伪装起来。

随着一声令下，刹那间，各种反坦克武器劈头盖脸地朝以军的坦克砸了过来。在同一时间至少有3～4枚导弹对同一目标发起攻击，在短短的3分钟时间里，就有250多枚反坦克导弹命中以色列坦克。即使对近距离的以军坦克，埃军也要发射2枚火箭弹。

随着爆炸声逐渐变小，一群端着冲锋枪的埃及步兵冲到以军的眼前，亚古里被俘了。此役，埃军除击毁、击伤以军92辆坦克外，还缴获了20多辆完整无损的M-60坦克，20年来，埃及人第一次尝到了胜利的滋味。

（二）以“陶”换人

1984年3月，时任美国驻黎巴嫩大使馆一等秘书，中央情报局贝鲁特站站长巴克利遭到绑架。此后一年多的时间里，又有6名美国人先后遭到绑架。

绑架者向美国政府提出释放人质的3个条件：释放1983年因参与策划和袭击美驻科威特大使馆而被科威特关押的17名囚犯；美国政府对以色列施加压力，释放被以色列和南黎巴嫩军关押的巴勒斯坦人和黎巴嫩人；提供贷款，开发南黎巴嫩。

人质事件引起了美国国内各界的严重关注。绑架者扬言，如果美国政府不答应其条件，人质将被逐个处决。此时，里根政府一方面声称要作出强硬反应，拒绝与绑架者妥协；一方面又绞尽脑汁寻求人质获释的途径，但收效甚微。

1985年下半年，绑架者似乎不耐烦了，在被绑架一年多后，巴克利的尸体出现在照片上。此时，正处于美国中期选举的前夕，里根总统及执政的共和党在处理人质危机问题上的无所作为引起了美国国内舆论的强烈不满。

在美国政府为释放人质所作的种种努力中，他们发现，伊朗对绑架者具有很大的影响力。为了尽快解决人质危机，缓解舆论的压力，增强共和党人的选举资本，拿美国总统里根的话讲，他要进行一次赌博，同美国的冤家伊朗打交道。

而此时的伊朗，由于同伊拉克打了6年战争，国库早已空虚，武器装备严重不足。特别是缺乏对付伊拉克的苏制T-62、T-72坦克的反坦克武器。

伊朗情报部门获知，美国的“陶”式反坦克导弹能击穿600毫米厚的装甲，而T-62前装甲厚不到250毫米，T-72前装甲厚不到500毫米，如果有了“陶”式反坦克导弹就能摧毁它们。可怎么才弄到“陶”式反坦克导弹呢？

1985年8月，里根召集当时的国务卿舒尔茨，国家安全事务助理麦克法兰、国防部长温伯格和中央情报局局长凯西等人进行紧急磋商，决定立即进行美伊秘密

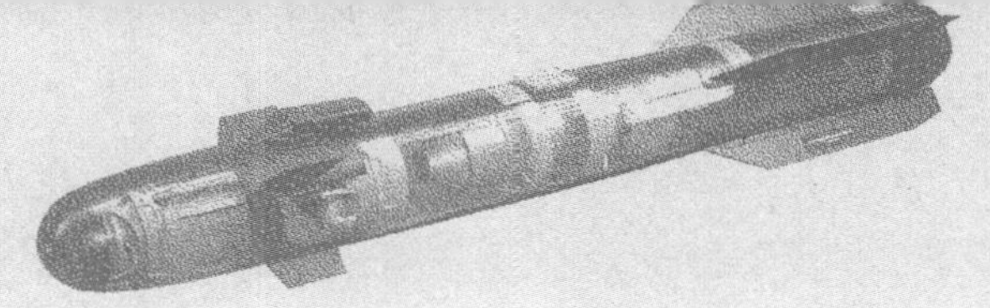

接触，通过向伊朗供应武器和零部件换回人质。

然而，美国法律规定，禁止向伊朗售运武器。如果同伊朗交易，就必须经由第三国出面。在这场交易中，以色列自告奋勇地承担了掮客的角色。“摩萨德”特务、军火商雅各布·尼姆罗迪作为美国的代表，负责同伊朗实业家马努赫尔·古尔巴尼萨尔商谈具体交易办法。

1985 年夏，美国国家安全委员会官员迈克尔·莱丁在以色列的安排下，在欧洲某地会见了古尔巴尼萨尔。1985 年 9 月 3 日，以色列官员向麦克法兰转达了伊朗方面的意向，如果美国能向伊朗运送一飞机军火，伊朗将在一天内帮助释放一名美国人质。麦克法兰当即拍板同意。

1985 年 9 月，以色列 DC-8 型运输机将 508 枚“陶”式反坦克导弹运抵德黑兰。不久，美国律师本杰明·韦尔获释，美国人终于尝到了甜头。白宫为韦尔的获释松了口气。9 月 14 日，里根打电话给以色列总理佩雷斯，对以色列的合作表示感谢。

不久，又一批“陶”式导弹运抵伊朗，黎巴嫩组织释放了伦斯·詹费神父。可是就在詹费神父获得自由没几天，又一个美国人被绑架当了人质。而就在此时，白宫幕僚们在是否继续进行美伊交易的问题上再次发生了争吵。

此事弄得凯西和麦克法兰十分懊恼。如果人质事件久拖不决，他们“卖陶换人”早晚是要暴露的，而一旦美国国会知道了这件事件，麻烦可就大了。但事情最终还是败露了。1986 年 11 月 2 日，黎巴嫩的《帆船》周刊披露了一条震撼美国国会的爆炸性新闻，说美国曾向伊朗出售“陶”式反坦克导弹用来交换人质。随即，美国国会和司法机构开始了调查追究，后来演变为“伊朗门”事件。

第九章　反辐射导弹

一、反辐射导弹概述

反辐射导弹又称反雷达导弹，是指利用敌方雷达的电磁辐射进行导引，从而摧毁敌方雷达及其载体的导弹，是现代作战中攻击敌方雷达最有效的武器之一。

（一）反辐射导弹的历史

现代舰艇、飞机、导弹等武器中，雷达是进行探测、跟踪、识别和引导武器进行攻击的关键性武器，如果雷达被干扰或摧毁，失去作用，那么整个武器系统就犹如失去“耳目”，成为“瞎子”和“聋子”。因此，从20世纪50年代末开始，美国、俄罗斯、英国和法国等许多国家开始了反辐射导弹的研制。反辐射导弹从问世至今，大约已经发展了三代。

第一代反辐射导弹于20世纪60年代服役。这一代反辐射导弹的主要代表为美国1964年装备使用的“百舌鸟”导弹。它也是世界上最早的反辐射导弹，也第一次用于实战的反辐射导弹，曾在越南战场上发挥了重要作用。

作为第一代的第一型反辐射导弹，“百舌鸟”的性能并不算好，必须在雷达一直开机的情况下才能循着雷达波束进行攻击，如果雷达及时关机就会失去目标，不能有效攻击。除“百舌鸟”外，第一代反辐射导弹还有苏联的“蛙鱼”AS-5，这是一种较大型的导弹。

第二代反辐射导弹为20世纪70年代服役的反辐射导弹，主要型号有美国的“标准”和“百舌鸟”改进型，苏联的“王鱼”AS-6，英法联合研制的“玛特尔”AS-37等。在这几种型号导弹中，性能较好的当属苏联的“王鱼”反辐射导弹。该弹在弹长、射程、速度、发射重量、发射高度和战斗部重量6项指标中居世界反辐射导弹之首位。

AGM-88E“哈姆”反辐射导弹

第三代反辐射导弹是20世纪80年代以后服役的反辐射导弹，主要型号有美国的“哈姆”“默虹”“响尾蛇”等，以及英国的“阿拉姆”、法国的“阿玛特”和苏联的AS-9等。除上述空射型反辐射导弹外，以色列还于1982年研制成功地地型“狼”式反辐射导弹，并在黎巴嫩战场投入使用。

（二）反辐射导弹的种类

1. 从发射方式来看，主要分为空射型和陆射型两种，其中绝大多数为空射型反辐射导弹，陆射型较少。

2. 从打击目标来看，可分为对空反辐射导弹、对地反辐射导弹和对舰反辐射导弹，其中对地反辐射导弹数量占了大多数，只有很少量的对空、对舰反辐射导弹。

（三）反辐射导弹的特点

一是反辐射导弹的雷达有效反射面积小，例如“哈姆”只有 0.05 米，使得地面雷达难以发现。

二是飞行速度快。反辐射导弹的飞行速度通常在 1 ~ 3 马赫。如美军装备的反辐射导弹最大速度多在 2 马赫以上，俄制反辐射导弹的速度一般在 1 马赫左右。

三是攻击突然性强。由于采用被动搜索跟踪方式，本身并不辐射电磁信号，反辐射导弹因而不易被敌方发现和干扰。

四是可攻击多种类型的防空雷达。反辐射导弹导引头跟踪频率范围很宽，能覆盖多种雷达或辐射源的波段，还能利用雷达波旁瓣和背瓣进行攻击。

五是具有先敌攻击优势。反辐射导弹导引头及其电子支援设备探测到电磁辐射波的距离比防空雷达远，可在防空雷达发现它之前就发起攻击。

六是具有自动捕获和锁定目标能力。从机载设备（或导弹导引头）捕获到地面雷达波束到定位、发射，“百舌鸟”导弹一般需要 10 ~ 15 秒，“哈姆”导弹需要 10 秒。且可采用预编程序发射，然后捕获锁定，甚至可在目标区巡逻待机攻击，对机载设备依赖小，载机无需跟进制导。

七是自主作战能力强。反辐射导弹发射后，无需发射平台配合便可自动

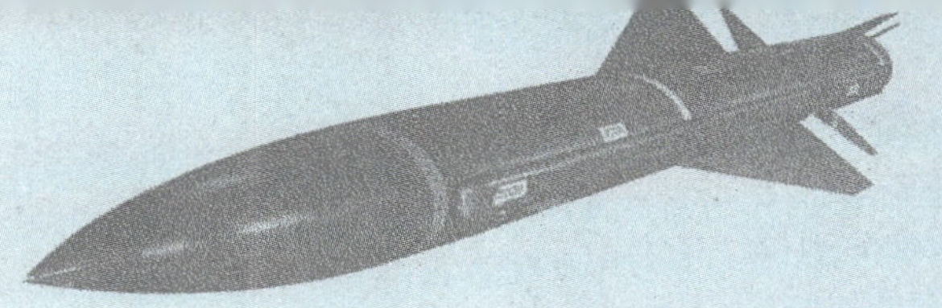

跟踪、攻击目标雷达或辐射源。

（四）反辐射导弹的未来

一是向多用途发展。未来的反辐射导弹不但可以压制和摧毁地面防空兵器和雷达，而且还能对付预警机上的有源干扰机和雷达。

二是向多种方式发展。目前的反辐射导弹主要采取的是空地的发射方式。下一步，将综合发展空地、地空、地地、空空等多种发射方式。

三是制导模式智能化。随着技术的发展，反辐射导弹可在攻击过程中自动转换制导模式，可在威胁空域上空自由盘旋，自动寻找指定攻击的辐射源，发现后立即由搜索状态转为跟踪和攻击状态；如果信号突然消失，又可以自动转为搜索状态，同时在目标雷达上空爬高到一定高度，进行不定方向巡航，等待再次攻击机会，直到摧毁辐射源为止。

四是扩展导引头频率覆盖范围。从反辐射导弹的发展过程看，导引头的频率覆盖范围一直在扩大。如第一代反辐射导弹中的“百舌鸟”导弹，一种导引头只能对付一个频段的雷达，而到了第三代的“哈姆”导弹，其工作频率可以覆盖苏联 97% 的防空雷达。

五是提高突防能力。随着隐身技术在军事上的广泛运用，可以预见到在不久的将来，隐形反辐射导弹将会问世，这将极大地提高反辐射导弹的突防能力。另外，提高导弹速度、缩短反应时间也可提高反辐射导弹的突防能力。

WW
231

二、经典反辐射导弹

（一）美国 AGM-45 反辐射导弹

AGM-45，绰号“百舌鸟”（Shrike），是美军第一种投入实战的空地反辐射导弹，也是世界上第一种反辐射导弹。该弹在 AIM-7“麻雀 -3”型空空导弹的基础上研制而成，主承包商为德州仪器公司（现属雷神公司）。

该弹于 1958 年开始研制，最初编号 ASM-N-10，1962 年开始试射，1963 年开始投产，1963 年改为 AGM-45，1964 年 10 月开始服役，1965 年用于越南战场，随后用于中东战场，1986 年用于美军空袭利比亚行动。

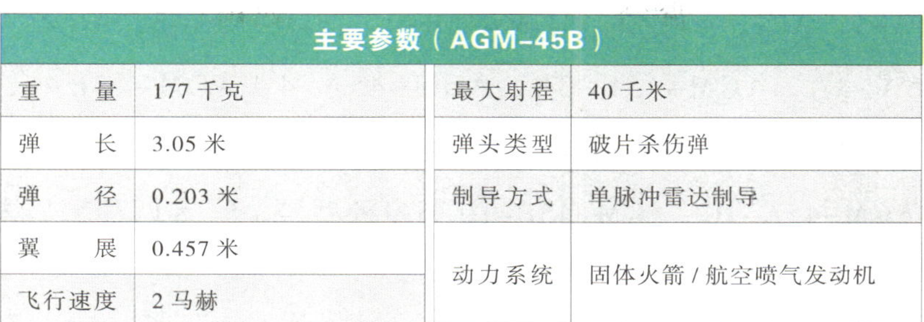

主要参数（AGM-45B）			
重　　量	177 千克	最大射程	40 千米
弹　　长	3.05 米	弹头类型	破片杀伤弹
弹　　径	0.203 米	制导方式	单脉冲雷达制导
翼　　展	0.457 米	动力系统	固体火箭 / 航空喷气发动机
飞行速度	2 马赫		

美国“百舌鸟”反辐射导弹

“百舌鸟”共有 AGM-45A、AGM-45B 两个基本型号，共派生出 AGM-45A-1，AGM-45A-2，AGM-45B-2，AGM-45A-3，AGM-45B-3，AGM-45A-3A，AGM-45B-3B，AGM-45A-4，AGM-45B-4，AGM-45A-6，AGM-45B-6，AGM-45A-7，AGM-45B-7，AGM-45A-9，AGM-45B-9，AGM-45A-10，AGM-45B-10 等多种型号，5、8 两种型号未生产。

其中，AGM-45A 为空军型，AGM-45B 为海军型。AGM-45A 和 AGM-45B 的主要区别在于两者采用不同的动力装置和战斗部。AGM-45A 装备 1 台 MK-39 Mod 0 型固体火箭发动机，部分为 MK- 53 Mod 1 型航空喷气发动机，最大射程 16 千米；AGM-45B 使用的是 MK-78 Mod 0 型航空喷气发动机，飞行高度 1500 ~ 10000 米，最大射程 40 千米，有效射程 8 ~ 18.5 千米。AGM-45A 采用的是 MK-5 Mod 0、MK-86 Mod 0、WAU-8/B 战斗部，AGM-45B 采用的是 MK-5 Mod 1、MK-86 Mod 1、WAU-9/B。

该弹主要优点是结构简单，通用性强，可装备各种型号飞机。但导引头覆盖频段太窄，为此不得不研制出 18 种寻引头对付不同频段的雷达；受被动雷达制导体制的限制，容易遭到干扰，一旦对方雷达采取关机等措施，导弹将失去制导信息来源而无法命中目标；此外，精度较低，越南战争期间命中率约为 25%，1970 年则降为 3% ~ 6%。

（二）美国 AGM-78 反辐射导弹

AGM-78“标准”（Standard），是美军装备的第二代反辐射导弹。该弹由通用动力公司研制，在该公司生产的 RIM-66“标准”舰空导弹基础上研制而成，主要用于取代第一代“百舌鸟”反辐射导弹。

该弹共有 AGM-78A、AGM-78B、AGM-78C、AGM-78D 等多种型号，最后一个型号于 1978 年停产。AGM-78A-1 原型弹于 1966 年开始研制，1967 开始试验，1968 年投入批量生产，最初美国海军称之为 STARM Mod 0。

AGM-78 是 RIM-66A 舰空导弹的空射变型，采用 MK-27 Mod 4 型双推力固体火箭发动机，装有 AGM-45A-3A 型反辐射导引头，首先装备美国海军，随后装备美国空军。

该系列导弹采用相同的气动外形布局，使用同一种弹体结构，只是使用的导引头有所区别。与 AGM-78A 不同的是，AGM-78B、AGM-78C、AGM-78D 3 种型号导弹的导引头的频率覆盖范围要宽得多，两种导引头就覆盖了当时苏联现役主要雷达的频率范围。不仅如此，导引头还装有记忆电路，可以记住目标的位置和频率，即使当对方雷达关机后，导弹仍可按照关机前记忆的目标位置继续飞行，一旦该雷达再次开机即可重新捕获该目标。

导弹采用预制破片杀伤战斗部，重 97 千克，预制破片为钢质立方体，每边长 7 ~ 8 毫米，重 3.3 克，对人员的有效杀伤半径 100 米，对雷达的有

效破坏半径 25 ~ 30 米。

该弹虽然比“百舌鸟”反辐射导弹在射程、威力和性能方面均有较大提高，但其采用的目标位置和频率记忆法在实战中的表现并不理想，特别是当对方雷达突然关机时，导弹的攻击效果仍然非常有限。

主要参数（AGM-78B）			
重　量	620 千克	最大射程	90 千米
弹　长	4.57 米	弹头类型	破片杀伤弹
弹　径	0.343 米	制导方式	被动雷达制导
翼　展	1.08 米	动力系统	固体火箭发动机
飞行速度	2.5 马赫		

美国 AGM-78 反辐射导弹

（三）美国 AGM-88 反辐射导弹

AGM-88 也称“哈姆”高速反辐射导弹，是美军针对 AGM-45、AGM-78 导弹的缺点而研制的第三代空地反辐射导弹。该弹由德州仪器公司研制，主要用于攻击陆基和舰基防空系统，摧毁地空导弹制导雷达、防空火炮雷达以及警戒雷达，军方编号 AGM-88。

“哈姆”反辐射导弹共有 AGM-88A、AGM-88B、AGM-88C、AGM-88D、AGM-88E 等多种型号。AGM-88A 为基本型，包括 Block-1、Block-2 两个批次（后者改进了制导装置和引信）。该弹于 1972 年开始研制，1975 年 8 月开始飞行试验，1980 年 11 月投入小批量生产；1983 年 3 月开始大批量生产，1983 年 5 月开始服役。

AGM-88B 为“哈姆”的第三批次（Block-3），在 AGM-88A 第二批次的基础上改进而成，1982 年开始研制，1989 年正式服役，1993 年停产。该弹具有“在线重编程”能力，不仅能在地面进行预编程或重新编程，还能在载机飞行过程中进行重新编程。因此，即使在出发前没有充分掌握对方雷达的信号特征，也可以在飞行过程中对敌方雷达进行跟踪，直至摧毁。

1999 年，美军对 AGM-88B 进行了一次改进，称为 Block-3A，并出口至德国和意大利。Block-3A 主要是对软件进行了更新，以适应新的雷达威胁，1999 年 8 月完成软件测试，基本性能相当于美国自用的 AGM-88C 的 Block-5 型。

AGM-88C 为“哈姆”Block-4，该弹在 AGM-88B 的基础上改进而成，1990 年投产，1998 年停产。导弹采用了更新型的导引头，可攻击采用频率捷变技术的雷达和 GPS 信号干扰源；导弹采用新型战斗部，对目标的破坏威力比 AGM-88B 增大一倍，可摧毁坚固的目标。1999 年，该弹通过提高制导精度、导引头覆盖频段和抗干扰能力，升级为 Block-5。

AGM-88D 又称“精确导航更新”计划，由美国、意大利、德国于 1998 年开始联合研制。该弹在 Block-4、Block-5、Block-3A 上加装 GPS/INS 制导装置，并将软件升级到 Block-6 级别。2001 年年初通过设计评审，称为“哈姆”Block-6，美军编号 AGM-88D，德国、意大利称之为 Block-3B。由于采用 GPS/INS 制导装置，即使对方雷达采用关机或采取其他欺骗措施，导弹也可以根据预先输入的坐标信息，对其实施打击。

AGM-88E 也称 AARGM“先进反辐射制导导弹”。该弹于 1998 年开始研制，2007 年试射，2010 年列装。该弹主要加装有毫米波末制导导引头、数字式反辐射寻的接收机、GPS 系统和可编程引信。其中，毫米波制导导引头即使对方雷达关机，导弹也能对其发动攻击；可编程引信可在反辐射模式下在对方上空爆炸。

该弹的主要作战方式有 3 种。自卫方式，即机载雷达探测到目标雷达后，向导弹发出指令，装定好频率、弹道等参数，飞行员即可发射导弹；机遇方式，即载机在飞行过程中，导引头处于工作状态，自行对目标进行探测、定位和识别，并将数据显示给机组人员；预定程序式，即导弹发射后，载机不再发出指令，导弹有序地搜索和识别辐射源，并锁定到威胁最大或预先确定的目标雷达上。

美国 AGM-88 反辐射导弹

主要参数（AGM-88E）			
重　　量	360 千克	最大射程	105 千米
弹　　长	4.17 米	弹头类型	破片杀伤弹
弹　　径	0.25 米	制导方式	毫米波制导
翼　　展	1.13 米	动力系统	固体火箭发动机
飞行速度	2269 千米 / 小时		

（四）美国 AGM-122 反辐射导弹

AGM-122 是美国海军和海军陆战队装备使用的机载近距离反辐射导弹，其名称“赛德阿姆”，为“响尾蛇反辐射导弹”（Sidewinder Anti-Radiation Missile，Side ARM）的英文缩写的音译。

导弹由美国海军武器中心设计，由摩托罗拉公司生产，主要装备美海军和海军陆战队的 AH-64A/D“阿帕奇”、AH-1W“超级眼镜蛇”攻击直升飞机和 A-4、AV-8“海鹞”式固定翼飞机，作为自卫武器，用于攻击敌方的高炮炮瞄雷达和近程地空导弹制导雷达。

越南战争期间，美国空军在 F-105“野鼬鼠”飞机上装有“百舌鸟”反辐射导弹，作为专用雷达压制飞机，用于攻击越南的防空雷达系统。但是，由于受航空母舰上空间的限制，海军并没有发展类似的专用雷达压制飞机。

为此，美国海军决定为舰载

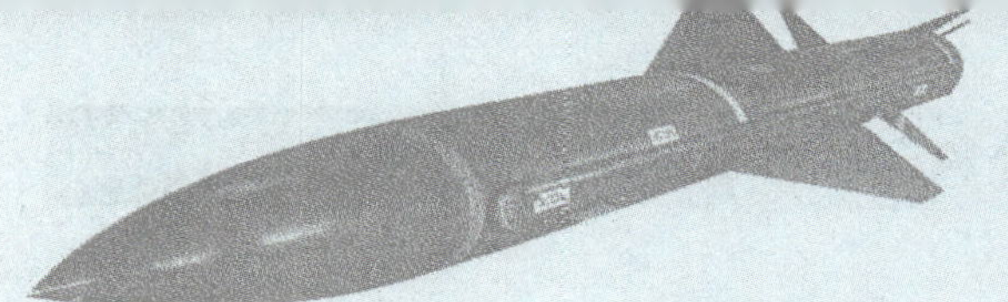

主要参数（AGM-122A）			
重　　量	88.5 千克	最大射程	16.5 千米
弹　　长	2.87 米	弹头类型	高爆杀伤弹
弹　　径	0.127 米	制导方式	被动雷达制导
翼　　展	0.63 米	动力系统	固体火箭发动机
飞行速度	2.3 马赫		

美国 AGM-122 反辐射导弹

直升机和轻型攻击机研制一种反辐射导弹。AGM-122 在“响尾蛇”AIM-9C 半主动雷达制导型空空导弹的基础上改进而成。1986 年 1 月，AGM-122 开始作战使用试验。1986 年，美国海军获得 0.8 亿美元的财政拨款，负责将 885 枚 AIM-9C 改装为“响尾蛇”反辐射导弹。1987 年，AGM-122 正式进入海军服役，1990 年停产，累计生产 700 多枚，平均单价约 9.88 万美元。

AGM-122 共有 AGM-122A、AGM-122B 两种型号。其中，AGM-122B 为 AGM-122A 的改进型，导弹于 20 世纪 90 年代中期开始设计，配备全新的被动雷达导引头，但没有生产。AGM-122A 战斗部重 11.4 千克，采用主动激光近炸引信，杀伤半径 10 ~ 11 米；动力装置为 1 台固体火箭发动机，使用高度 15250 米，最大机动过载 15g。

AGM-122A 采用与 AIM-9C 完全相同的气动外形布局，仅头部略有区别。导弹由引信战斗部舱、发动机舱、弹翼和鸭翼组件以及改进设计的制导控制舱组合而成，头部改为半球形天线罩。导弹的导引方式由半主动雷达制导改为宽频带被动雷达寻的。

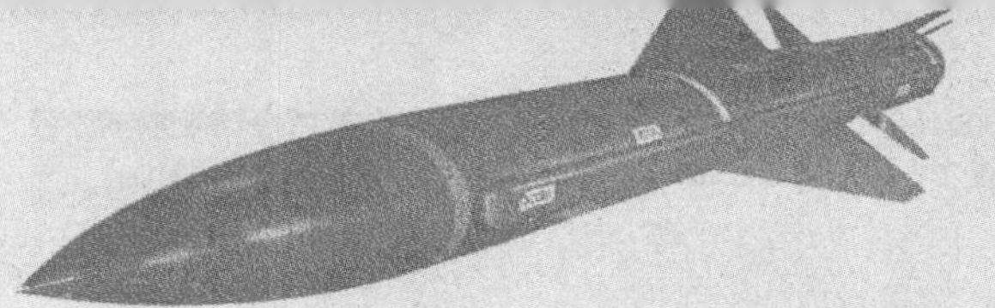

（五）美国 AGM-136 反辐射导弹

AGM-136“默虹”（Tacit Rainbow）是美国研制的第一种巡逻型中程反辐射导弹。该弹主承包商为诺思罗普公司，得克萨斯仪器公司和雷神公司分别承担导引头和制导系统的研制任务。

1982 年，美国国防部提出研制计划，其目的是开发一种先进的低成本的反辐射导弹，并具有较长时间的留空能力，用以在战场上搜索和攻击敌方雷达。1984 年，项目移交给美国空军航空系统司令部，并于 1984 年 7 月 30 日首次试飞。

“默虹”的研制计划曾一度属于美军的高度机密，直到 1987 年 4 月其模型在美海军协会第 85 届年会上才予以展出。该弹主要由 B-52 轰炸机和 A-7E 攻击机携带，作为 AGM-88“哈姆”高速反辐射导弹的补充，攻击敌方地空导弹的制导雷达、炮瞄雷达和警戒雷达。

“默虹”是美国研制的第一种巡逻型中程反辐射导弹。该弹共有空射型 AGM-136A 和陆射型 RGM-136B 两种。空射型 AGM-136A 基本上就是一种小型巡航导弹，其外形颇像一架小型飞机，导弹采用正常气动布局，弹体形状大致呈雪茄形，涡扇发动机的进气道位于弹体的后上方，弹体的中下方装有可折叠的矩形弹翼，可折叠尾翼呈“+”字形配置。

导弹发射重量 227 千克，WDU-30/B 型高爆破片杀伤战斗部重 18 千克。

在圆柱形“机身”上部有一个小鼓包，并一直延伸至尾部，是威廉姆斯国际公司专为其研制的F-121涡扇发动机。该发动机重22千克，推力310牛。

导弹采用宽频带数字式被动雷达导引头，采用了AGM-88“哈姆”高速反辐导弹上的成功技术，工作频带为2～18GHz，可覆盖绝大多数防空雷达的频率，并具有记忆功能和自主搜索能力。当对方雷达关机后，导弹迅速由跟踪状态转为搜索状态，同时在目标区域长时间盘旋、搜索，一旦对方雷达重新开机，便对目标发起攻击。此外，还装有多普勒辅助惯性导航系统，是美国空军和海军装备的一种空中发射、具有昼夜巡航能力的反辐射导弹。

AGM-136可以在没有预先目标指示的情况下，自动搜索和攻击目标，也可按照发射前的预编程序飞到预定的地区巡逻，具有较大的战术灵活性。导弹实现了与现有指挥系统的一体化，在飞行过程中，可以通过数据传输装置，临时变更预先输入的飞行程序，以适应战场环境的要求。

导弹于1988年完成全面工程，原计划在1989年6月进行小批量生产，但由于资金短缺和试验没有按计划完成，整个计划被迫拖延。并且由于1989年3月的一次飞行试验失败，促使美国海军决定单方面退出研制计划，要求国防采办委员会对该计划重新进行审查。虽然全面研制工作于1990年2月全部完成，但整个计划最后还是被终止了。

RGM-136B陆射型“默虹”导弹，采用全新弹体设计，要与陆军多管火箭炮系统兼容，但由于AGM-136导弹弹径较大，且上方有一个进气道，很难利用227毫米多管火箭炮系统发射架发射，在1990年后经过两年的全面

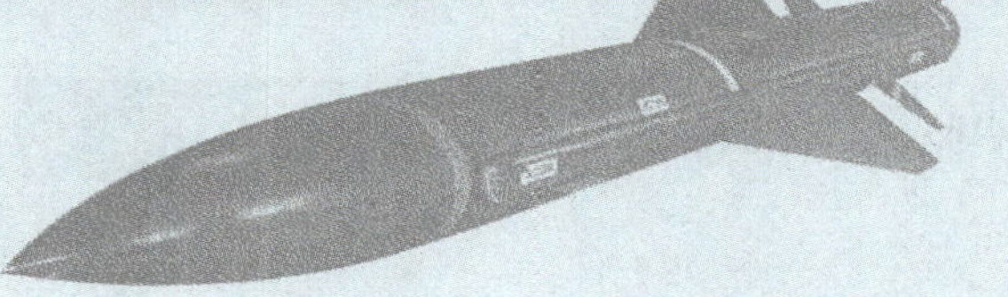

研制，项目最后中止了。

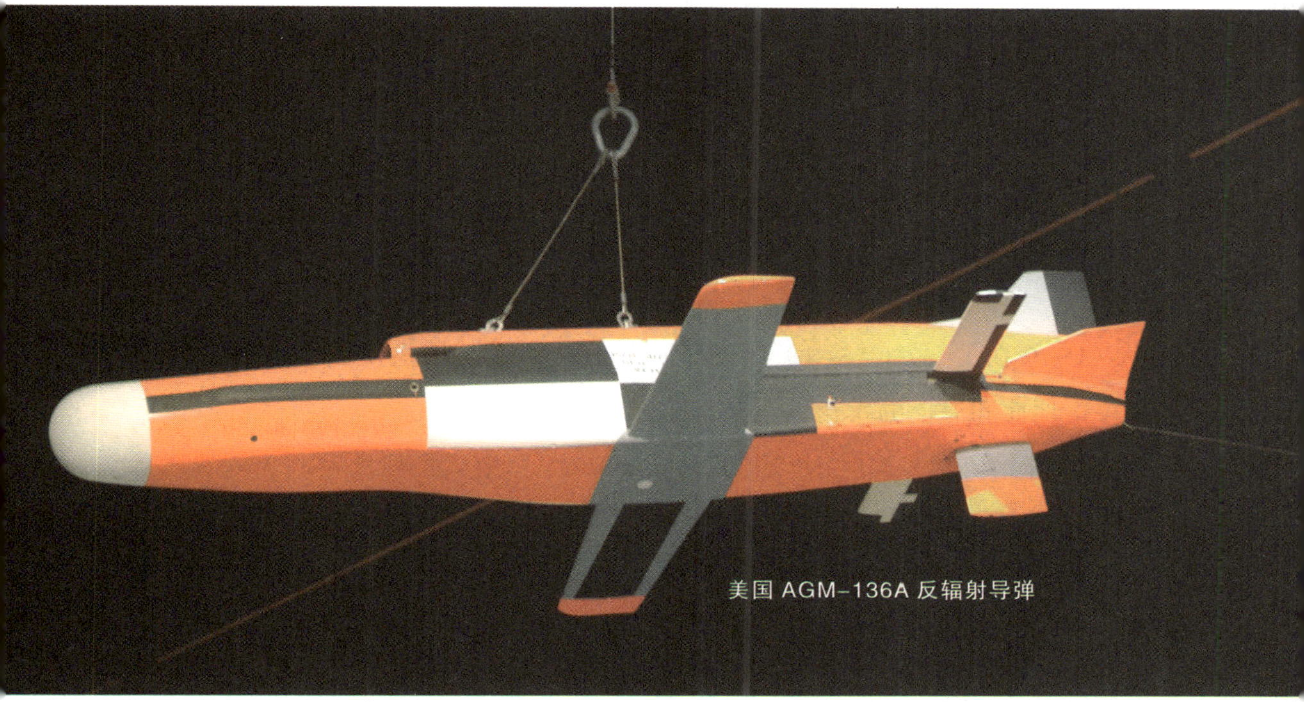

美国 AGM-136A 反辐射导弹

主要参数（AGM-136A）	
重　　量	195 千克
弹　　长	2.54 米
弹　　径	0.686 米
翼　　展	1.575 米
飞行速度	0.9 马赫
最大射程	430 千米
弹头类型	高爆破片杀伤弹
制导方式	被动雷达制导
动力系统	涡扇发动机

（六）俄罗斯 AS-9 反辐射导弹

AS-9 是苏联第一种为战术飞机而研制的反辐射导弹。该弹由苏联彩虹设计局研制，系统代号 K-28P，俄海军、空军使用代号分别为 X-28 和 Kh-28，西方和北约组织按照自行确定的对苏联武器装备的命名规则，将其编号和命名为 AS-9“海峡”（Kyle）。

AS-9 在 X-22（AS-4）“厨房”空地导弹的基础上研制而成，专门用来攻击地面和海上的雷达，尤其是防空导弹的地面或舰载火控雷达。该弹于 1963 年开始研制，当时主要用于装备 Yak-28 远距离拦截机上。

1973 年进入苏联空军服役。不过，随着 Yak-28 的退役，该弹首先装备“苏 -17M”强击机，随后装备其他战术轰炸机和重型攻击机，主要包括“苏 -20”“苏 -22M”“苏 -24M”“图 -16”“米格 -25BM”“米格 -27”“图 -22M”等战斗机。其中，“苏 -17M”在机腹中线只能携带 1 枚，苏 -24M 在每个翼下可挂弹 1 枚。

AS-9 弹爆炸碎片式战斗部重 160 千克，装有 1 台两级液体火箭发动机。该弹在性能和尺寸上与美国的第二代反辐射导弹 AGM-78“标准”反辐射导弹相似，是苏联 / 俄罗斯具有较强攻击能力的机载反辐射导弹。

在结构上，AS-9 几乎就是 AS-4 的浓缩版，采用与 AS-4 相同的飞机式气动布局；尖形头部内装被动雷达导引头；其后为战斗部舱；弹体中段

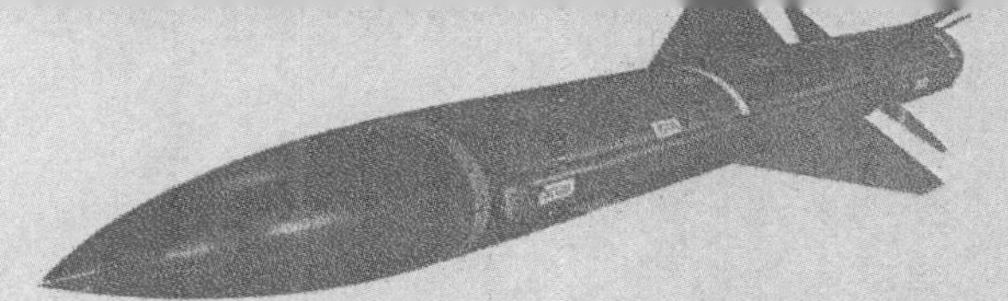

两侧装有一对三角翼；弹体内部装有 1 台液体火箭发动机；弹尾有 2 片水平尾翼和 2 片垂直尾翼。此外，为充分利用弹体容积并减小气动阻力，该弹与 AS-4 一样将弹上电源与液压传动部分装在弹体下方腹鳍内。

不过，该弹的弹翼形状与 AS-4 有所不同，采用大后掠角梯形弹翼，位于圆柱形弹体中部。水平和垂直安定面的形状与 AS-4 也不尽相同，且弹体后部下方稍后处的折叠式垂直安定面比其上部的垂直安定面大，以提供更好的飞行稳定性。

该弹为超音速反辐射导弹，在苏联 / 俄罗斯的所有专用机载反辐射导弹中，其发射重量和战斗部重量均居于首位。该弹配有 4 种可互换使用的被动雷达导引头，频率覆盖范围 1 ~ 10GHz，以适应北约防空体系和海军雷达的不同频段，用于对付不同的地基和舰载雷达。

AS-9 具有一定的记忆和跟踪功能，即使对方雷达关机，该弹仍能够对雷达目标实施攻击。该弹除装备苏军外，20 世纪 80 年代，还少量出口至伊拉克。两伊战争中，伊拉克军队曾使用这种反辐射导弹攻击伊朗装备的美制“猎哨”雷达网和“霍克”防空导弹组成的防空系统。

该弹作为苏军和俄军的开路先锋，在战术运用上，通常采取混合搭配的方式，由重型攻击机和战略轰炸机将其与 AS-4、AS-6 战略空地导弹混合携带，以便能更好地发挥 AS-4、AS-6 的攻击威力。不过，由于 AS-9 体积过大且较为笨重，逐步被结构更紧凑、射程更远的 AS-17 所取代。

苏联 AS-9 反辐射导弹

主要参数	
重　　量	715 千克
弹　　长	5.97 米
弹　　径	0.43 米
翼　　展	1.93 米
飞行速度	3 马赫
最大射程	110 千米
弹头类型	破片杀伤弹
制导方式	被动雷达制导
动力系统	液体火箭发动机

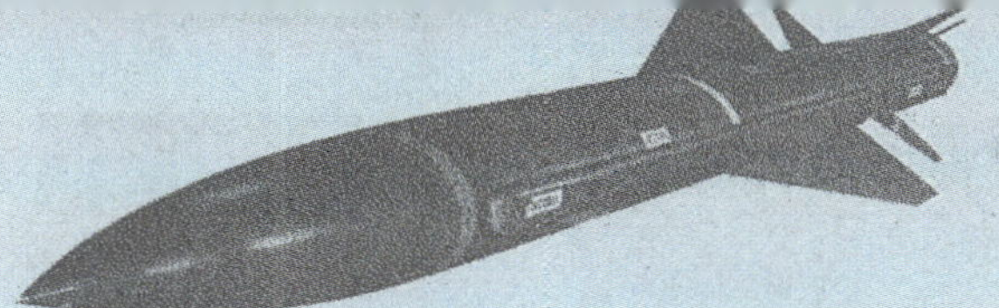

（七）俄罗斯 AS-17 反辐射导弹

AS-17 是苏联 / 俄罗斯自行研制的第四代反辐射巡航导弹。该弹由星星机械制造设计局研制，系统代号 K-31P，俄海军、空军使用代号分别为 X-31P、Kh-31P，西方和北约对其分别编号和命名为 AS-17 和“氪”（Krypton）。

AS-17 实质上共有反辐射导弹和反舰导弹两个型号。两种型号导弹于 1977 年同时开始研制，1988 ~ 1989 年陆续服役。其中，反舰导弹型号为 X-31A、Kh-31A，是苏联 / 俄罗斯的第一个专用战术空舰导弹，主要装备前线战术航空兵和海军航空兵的对地攻击飞机。

AS-17 首次在 1991 年阿联酋迪拜航展上展出，同参展的西方和其他俄罗斯战术空对地导弹相比，其设计新颖，性能更为先进，是一代全新的机载超音速反辐射 / 反舰导弹，其中，Kh-31P 主要装备苏 -30、苏 -35 和米格 -29。

AS-17 采用后置正常式气动外形布局，弹翼位于尾部，紧靠控制舵面，形成独特的尾部控制方案，头部结构因导弹型号不同而不同。其中，反辐射型导弹 X-31P、Kh-31P 头部装有被动雷达导引头和高爆炸药战斗部；反舰型导弹 X-31A、Kh-31A 头部装有主动雷达导引头和半穿甲战斗部。

导弹采用中段惯性制导 + 末段主动雷达制导方式，具备强大的抗干扰能力，可以在复杂的电子战环境下作战。导弹发射时先启动火箭发动机，当速

度到达 1.8 马赫时再启动冲压发动机，并加速至 3 马赫巡航速度。这种组合动力方式，可使导弹全程高速飞行。

AS-17 是为对付“爱国者”等地空导弹而研制的新一代空地多用途反辐射导弹。该弹采用的破片杀伤战斗部重 87 千克，不仅能摧毁对方的雷达天线，还能摧毁天线下方的雷达发射车，也可以用来攻击如美国 E-3 之类的空中预警机，被称为防空系统的“杀手”，其性能优于美国的“哈姆”高速反辐射导弹。

主要参数			
重　　量	600 千克	最大射程	110 千米
弹　　长	4.7 米	弹头类型	高爆穿甲弹
弹　　径	0.36 米	制导方式	惯性加被动雷达制导
翼　　展	0.914 米	动力系统	固体火箭 / 冲压发动机
飞行速度	3.5 马赫		

俄罗斯 AS-17 反辐射导弹

（八）英国和法国“玛特尔”反辐射导弹

“玛特尔”(Martel)是英国和法国联合研制的一种空对舰及反辐射导弹。导弹共有 AJ168 空对舰型、AS37 反辐射型两种型号。

AJ168 由英国霍克·西德利公司（现英国宇航公司）负责研制，主要用来攻击水面舰艇，也可辅以攻击地面坚固目标，是英国海军舰载攻击机装备使用的第一个空舰导弹。AS37 由法国玛特拉公司负责研制，主要用来攻击地 / 海面的雷达目标，是法国空军战斗机装备使用的第一个空地反辐射导弹。

导弹于 1960 年开始方案论证，1964 年 9 月英、法两国签署联合研制协议。1965—1966 年各自完成样弹，1967 年开始飞行试验，1968 年进行鉴定试验，1968 年 12 月底英、法两国签订生产合同，1971 年开始进入两国海军和空军部队服役。其中，英国装备反舰 / 反辐射两种型号，法国只装备反辐射型。

AS37 弹长 4.2 米，弹径 0.4 米，翼展 0.12 米，弹重 535 千克，动力装置为 1 台固体火箭发动机加 1 台固体火箭助推器，使用高度 15 ~ 12200 米，飞行速度 0.9 马赫，最大射程 55 千米。

两种型号的导弹均采用相同的模块化舱段结构，但头部形状略有不同，AJ168 为半球形，AS37 为尖锥形。AJ168 的主要缺点是受电视指令制导的限制，发射距离较近，不具有全天候、“发射后不用管”能力，载机易受敌防空火力杀伤。

两型导弹的战斗部重量均为150千克；AJ168使用半穿甲爆破战斗部，配有触发延时引信，以便保证导弹穿入舰艇甲板内部后爆炸；AS37使用破片杀伤战斗部。

“玛特尔”AS37反辐射导弹

主要参数	
重　　量	535千克
弹　　长	4.2米
弹　　径	0.4米
翼　　展	0.12米
飞行速度	0.9马赫
最大射程	55千米
弹头类型	破片杀伤弹
制导方式	被动雷达制导
动力系统	固体火箭发动机

（九）英国“阿拉姆”反辐射导弹

“阿拉姆”（ALARM）是英国皇家海军和空军装备使用的第三代机载反辐射导弹，是“空射反雷达导弹”（Air-Launched Anti-Radar Missile，ALARM）英文名称缩写的音译，用以取代“玛特尔”AS-37和“百舌鸟”AGM-45反辐射导弹。

该弹由英国宇航公司和马可尼公司研制，1977—1980年进行可行性研究；1982年12月，由英国国防部提出研制要求；1983年7月，在与美国“哈姆”（HARM）导弹方案的竞争中获胜；1983年8月2日，签订全面研制合同。1985年底进行首次发射试验；1990年10月完成最终发射试验，随即投入批量生产，1991年1月正式服役，并参加海湾战争，英国空军共发射约100枚导弹，攻击伊拉克的地面雷达，命中率90%。1991年，首次向沙特阿拉伯出口。

导弹采用带前翼的正常式气动外形布局，弹体呈圆柱形，弹头呈尖锥形，4片固定式小三角形稳定前翼位于弹体头部，4片固定式大后掠三角形稳定弹翼位于弹体中部稍后处，4片全动式切梢三角形控制舵面位于弹体尾部，前翼、弹翼和舵面处于同一平面。

弹体采用模块化舱段结构设计，从前到后依次为导引头舱、控制舱、战斗部舱和发动机舱。导引头舱的头锥为塑料制成的雷达天线罩，内装全固体化宽频带单脉冲被动雷达导引头。

爆破杀伤战斗部重 230 千克，配有触发和主动激光近炸引信。发动机尾喷管前段装有舵机和装在发动机尾喷管后段四周的减速降落伞包。当敌方雷达临时关机时，“阿拉姆”导弹可关闭发动机，在高空使用降落伞待机，待机时间 2 分钟；当目标雷达重新开机后，再脱开降落伞，向目标发起攻击。

主要参数			
重　　量	268 千克	最大射程	93 千米
弹　　长	4.24 米	弹头类型	爆破杀伤弹
弹　　径	0.23 米	制导方式	惯性 + 被动雷达制导
翼　　展	0.73 米	动力系统	双推力固体火箭发动机
飞行速度	2445 千米 / 小时		

英国“阿拉姆”反辐射导弹

三、反辐射导弹背后的故事

（一）越战中的雷达杀手

越南战争初期，越南北方装备的37毫米、57毫米、85毫米、100毫米高射炮以及“萨姆-2”地空导弹对美军的飞机构成了巨大威胁。这些武器均采用雷达瞄准，命中率较高，许多美军飞机纷纷栽在了这些防空武器上。

如何才能减少飞机的损失呢？“关键是要打掉越南的雷达，使他们的防空武器成为‘瞎子’！”为此，美国五角大楼的高级官员想到了刚刚投入批量生产的“百舌鸟”反辐射导弹。

1965年2月13日，美军参谋长联席会议提出的“滚雷”计划得到了时任美国总统约翰逊的批准，其目的是对北越北纬20度线以南的军事目标进行有选择的攻击，重点轰炸北越的兵营、雷达阵地、机场、弹药库、桥梁和仓库。

1965年4月5日，美国空军U-2和海军RF-8侦察机发现了北越地空导弹阵地。苏制的“萨姆-2”导弹的部署，标志着北越综合防空体系第二阶段的完成，使得其陆基防空火力范围进一步扩大了。

虽然这些导弹阵地对美国飞机构成了严重威胁，但是由于害怕误伤帮助修建阵地并训练北越使用导弹的苏联技术人员，美军飞机没有得到命令，还不能将其列为突击目标。

1965年7月24日，美国开始领教了“萨姆-2”地空导弹的威力。美军1个F-4C战斗机小队在飞行过程中，突然遭到1枚从河内西北40英里处发射的“萨姆-2”导弹的攻击，由于队形过于密集，1架F-4C被击落，另外3架受重伤。

F-4C被“萨姆-2”击落之后，美军便将过去禁止攻击的几个地空导弹阵地列入了空袭的目标。7月25日，F-105轰炸重创了河内西北40英里处的2个导弹阵地。然而在这次空袭中，有3架F-105被高炮击落，后来又有2架受伤的飞机在

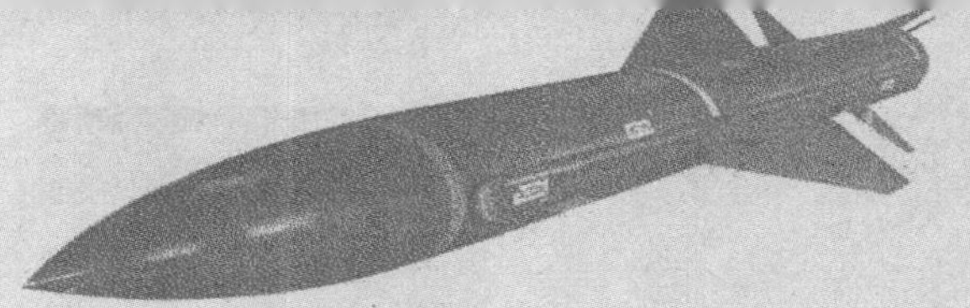

返航途中坠毁。

1965 年圣诞节—1966 年 1 月 30 日，美越又开始了新一轮谈判，轰炸行动暂时停止，但外交上的谈判仍旧毫无结果。

北越也充分利用了这段轰炸间隙，抓紧调整部署兵力，除 22 个导弹阵地外，还部署了 400 多门高炮，防空火力得到了进一步加强。此外，北越还修建了许多假的导弹阵地。

为了对付不断出现的“萨姆 –2”导弹，美军成立了“铁手”小队。小队由 1 架 F–100F 和 3 架 F–105 战斗轰炸机组成。F–100F 的主要任务是搜寻“萨姆 –2”导弹阵地上的雷达波，而担任护航任务的 F–105 则在主突击机群到达之前使用炸弹和火箭将导弹阵地摧毁。由于 F–100F 与野鼬鼠引蛇出洞后实施巧妙攻击的原理类似，所以人们昵称其为“野鼬鼠”。

起初，F–100F 并不具备反雷达能力。1966 年春季，美军对“野鼬鼠”进行了改装，为其配备了 AGM–45“百舌鸟”空地反辐射导弹。这种导弹发射后，可循着“萨姆 –2”导弹的雷达波飞行，自动攻击“萨姆 –2”雷达。

在这种情况下，雷达操纵员只有两种选择，要么关机，停止发射“萨姆 –2”导弹；要么雷达照样开机，发射导弹，但阵地随时都有可能被炸。

此后，使用“铁手”小队成为美军的标准作战样式。美国空军采取 F–100F“野鼬鼠”和 F–105D“雷公”混合编组，由“野鼬鼠”携带“百舌鸟”反辐射导弹，由 F–105D 携带炸弹、2.75 英寸无制导空地火箭。

美国海军则采取 A–4 和 A–6 攻击机组合，由 A–4 携带“百舌鸟”导弹，由 A–6 携带炸弹，用于压制北越的防空阵地。

1966 年夏季，F–105F“野鼬鼠”飞机开始装备美军。F–105F 飞机是越南战场上第二种专门用于对付地空导弹的飞机。F–105F 比 F–100F 速度更快，航程更远，比 F–100F 更容易发现并摧毁地空导弹，而且与执行攻击任务的 F–105 战斗轰炸机

协同起来也更加方便。1966 年下半年，共有 23 架 F-105F 到达越南。整个越南战争，美军共改装 86 架。

1966 年下半年，美国空军和海军开始使用集束炸弹攻击北越的高炮阵地。当北越高炮遭到压制，无法射击时，携带“百舌鸟”的“铁手”小队则在一旁等候，等待“萨姆 -2”导弹的雷达开机。

在一次对北越军火库的轰炸战斗中，1 架打头阵的 F-105F 战斗机在距北越雷达阵地 16 千米处时，突然以小角度从 2000 米高度快速俯冲下来，1 枚“百舌鸟”反辐射导弹沿着雷达波束，以 2 马赫的速度冲向“萨姆 -2”的制导雷达。

随后，其他“百舌鸟”也接踵而至，“萨姆 -2”导弹瞬时间被挖去了“眼睛”，变成了“瞎子”。紧接着 20 多架美军轰炸机如入无人之境，对军火库进行了狂轰滥炸，上千吨弹药被引爆，仓库周围变成了一片火海。

此后，“百舌鸟”在越南战场上频频得手，名声大振，成为压制越南防空武器的“杀手锏”。在使用“百舌鸟”导弹之前，越军平均需用 17.6 枚导弹击落 1 架美军飞机；使用“百舌鸟”导弹之后，越军平均要用 107 枚导弹才能击落 1 架美军飞机。

（二）超越“百舌鸟”

越南战争中，虽然“百舌鸟”反辐射导弹取得了较大战果，让越军的“萨姆 -2”防空导弹吃尽了苦头。但在实战中，也暴露出了该型导弹的弱点，那就是一旦雷达在受到打击之前关机，不发射雷达波，“百舌鸟”就失去雷达波束的引导，就不能准确打击雷达站。

为此，美军针对这一问题进行了改进，开发出了“哈姆”反辐射导弹。该型导弹具有记忆功能。雷达在开机后，一旦被“哈姆”反辐射导弹捕捉到雷达波束，即使雷达关机，也逃不脱挨打的命运。

3月24日，美军越过利比亚宣布的领海界线。下午2时52分，部署在苏尔特市的利比亚防空军“萨姆-5”防空导弹营对美军舰载歼击机进行了攻击，不过，2枚苏制“萨姆-5”导弹因受到美军电子干扰机的干扰，没有击中目标。

随后，利比亚空军出动2架“米格-25”歼击机进行空中拦截，结果也是无功而返。傍晚时分，利比亚又先后发射3枚“萨姆-5”导弹和1枚“萨姆-2”导弹，仍然未能击中目标。

不久，美国人上场了。2架从美国航空母舰上起飞的A-7E舰载机在电子干扰的掩护下，直奔“萨姆-5”防空导弹阵地。距离目标64千米时，飞行员按动电钮，“哈姆”以3马赫的速度朝利比亚的一个地空导弹雷达站飞去，只听“轰”的一声巨响，“萨姆-5”防空导弹阵地陷入一片火海。

该雷达站指挥官受过如何对付反辐射导弹的训练，立即通知附近的另一个雷达站关机，防止反辐射导弹循着雷达波束打击另外一个阵地。可关机没多久，1枚“哈姆”反辐射导弹还是凭着记忆找到了目标，准确无误地击中了那一个雷达阵站。

2枚“哈姆”导弹发射过后，利比亚的防空导弹顿时失去了“眼睛”，20年前用于对付“百舌鸟”的战法显然失灵了。“哈姆”反辐射导弹在美军的“草原烈火”空袭行动中首战告捷。

4月14日21时~21时30分，美军24架F-111歼击轰炸机、5架EF-111电子干扰机、18架KC-135型、10架KC-10型空中加油机，从英国本土起飞；4月15日0时30分~1时，1个A-6和1个F/A-18战斗机编队，分别从“美国”号和“珊瑚海”号航母上起飞；准备从低空对班加西地区的目标实施攻击。

为保障上述飞行编队能够在6～8分钟内突破利比亚的防空系统，美军在战机飞临预定目标之前实施了主动干扰，并派出无人机在空中飞行，以诱使利比亚导弹发射阵地雷达开机。

部署在班加西地区的利比亚各防空导弹营，根据防空导弹旅指挥所传送的目标

指示数据，纷纷打开雷达，开始自行搜索、发现和跟踪从海上方向逼近的美军飞机。但是，不仅大部分防空导弹营没有及时发现美军飞机，反而因长时间开机，遭到了“哈姆”反辐射导弹的致命打击，在 2 ~ 3 分钟内，部署在班加西郊区的利比亚防空导弹旅中的 6 个防空导弹营中就被敲掉 4 个。

由于害怕遭到美军“哈姆”反辐射导弹的攻击，部署在首都的黎波里的防空导弹部队雷达居然没敢开机，只有高炮和自行火炮开火反击，结果只击落美军 1 架 F-111 歼击轰炸机，击伤 1 架 F-111。